LOCUS

LOCUS

LOCUS

LOCUS

touch

對於變化，我們需要的不是觀察。而是接觸。

touch

16定位

Lotus 總裁眼中網路時代的企業策略

eNterprise.com

Market Leadership in the Information Age

Lotus 總裁 Jeff Papows

a *touch* book
Locus Publishing Company
11F, No. 25 Sec. 4 Nan-King East Road, Taipei, Taiwan
ISBN 957-8468-82-2 Chinese Language Edition

16定位
作者：傑夫・帕伯斯 (Jeff Papows)
譯者：李振昌
責任編輯：陳郁馨　美術編輯：何萍萍
法律顧問：全理法律事務所董安丹律師
出版者：大塊文化出版股份有限公司　e-mail : locus@locus.com.tw
台北市104南京東路四段25號11樓　**讀者服務專線：080-006689**
TEL：(02) 87123898　FAX：(02) 87123897
郵撥帳號：18955675　戶名：大塊文化出版股份有限公司

總經銷：北城圖書有限公司　地址：台北縣二重市大智路139號
TEL：(02) 29818089 (代表號)　FAX：(02) 29883028　29813049
排版：天翼電腦排版有限公司　製版：源耕印刷事業有限公司
初版一刷：1999年4月　初版7刷：2000年12月
定價：新台幣280元

目錄

前言

喬福瑞・摩爾（Geoffrey Moore）

有趣的書，總是在新舊思維模式交會之際出現，這本書也不例外。多年前，當作者帕伯斯和我們這一群人進入電腦產業時，使用的主要是獨立的電腦——協助處理交易用的大型主機或小型電腦；或者是才剛出現的個人電腦，用來協助辦公室自動化。當時，在電腦「裡面」與「外面」的資訊劃分得很清楚，電腦系統的主要目標，是以比較獨立的運作來改善生產力。

今天，這種模式已經過時，出現了新的秩序：分工合作取代了獨立運作，界線重建以求互相協調和建立競爭優勢。舊形態的電腦使用模式並沒有消失，但現在結合了通訊功能，重新定義合作的意義。這種改變的初期表現形式，最早是出現在工作組群的層次，以區域網路與電子郵件為首，而當 Lotus 的 Notes 推出之後，更造成一股風潮。近來這種改變已出現在企業的層次，例如網路化的電子郵件、電子資料交換，以及網際網路。

這些改變提昇了通訊的基礎建設。這使我們不禁好奇，我們可以用什麼樣的新方法與別人互動。這也是本書要探討的問題：未來的趨勢是什麼，如何發展新的作業程序以提昇能力。

只要有新技術刺激市場發展，就會有人再提出新的作業程序的問題。所有的進步，在一開始都是由個人的勇氣與努力所造成，通常會是兩個人合作，一個腳踏實地領導發展，另一個高瞻遠矚，找尋支援。市場裡的其他人都等著看這些人能不能延續熱情，所以他們是沒有退路的。然後有若干獨立的公司，以相同的勇氣支持腳踏實地與高瞻遠矚的人，發展出新的作業程序。像安侯會計公司（Price Waterhouse）支持蓮花公司的Notes，亞馬遜網路書店支持網際網路零售，思科公司與戴爾公司支持網際網路上的企業對企業商務。在這第一個階段，並沒有穩定的市場，只見到若干新氣象露出一點頭緒，各自摸索自己的道路。

然而，協作型技術卻跳過這個階段，直接被市場主流接受。問題不再是「有沒有市場」，而是：這是個什麼樣的市場？這些技術會不會太複雜，太難使用與維護？什麼情況下能發展出利基市場？要不要將產品簡化與商品化，進入大衆市場？於是我們見到，計劃管理軟體、地理資訊系統和視訊會議系統變成了利基市場；而文書處理、關係資料庫、網際網路協定（IP）網路，進入了大衆市場。利基市場也好，大衆市場也好，結果沒有對或錯，差別在於影響力的大小。所以，凡是可能發展成一個大衆市場的，就眞正值得觀察。

在這種以技術爲基礎的市場發展過程中，大衆市場是自然生成的。學術界稱此爲自我組織的系統，也就是說，這系統不是因爲外在力量而成形，卻是由於物競天擇的定律在數百萬樁獨立事件中作用後，形成了一個形態。達爾文的學說主張：繁殖速度最快，或最能保有自己生存領域的生物，就是生存的贏家。和生物演化的情況一樣，「環境」對於資訊業的演化也扮演重要角色。例如，大家公認，麥金塔的操作系統比微軟操作系統優秀，但微軟是在IBM個人電腦的環境之下，結果便能領先，而且無所不在。摩托羅拉六八〇三〇微處理器與英特爾八〇三八六的競賽，也是同樣情形。所以，到最後，重要的不是在個別物種裡取得優勢，而是整個生態系統要取得優勢。

在生態系統的層次觀察並處理競爭，不要只從個人爭鬥的層次來看——本書提出這個概念，使此書在此時顯得大有可觀。其實這個概念流傳已久，像是羅斯喬德（Michael Rothchild）的《生態學》（*Bionomics*），以及默爾（James Moore）的《競爭之死》（*The Death of Competition*），都談過這個觀念。但這概念不免引出一個問題：技術的基礎設施，對於結果能造成多大影響？演化總是和競爭優勢有關係。我們能不能善用電腦與通訊的交會所形成的系統，促成新形態的分工——而這種分工將成未來經濟的主力？地區的經濟體，又會不會擊垮這些系統而拒絕進入更高層次？

答案還不明確。大多數的組織總是尋找各種選擇，然後把賭注放在最安全的選項，並且密切注意同業的動靜——這也就是演化。我們聚成群落、派別或部族，平日互相學習與支持，但當改變的衝擊來臨時，以彼此當作緩衝。生命中的大部分時候，是在團團轉和混亂的情況下度過的；說來不怎麼優雅，但這是演化過程所挑選出來的方式。

我認爲，混亂是一種原始形態的分工合作，起源於偶發的溝通——並非有明確意圖的點對點通訊，而只是四散流通的片斷認識與消息。例如某某客戶現在怎麼樣了？競爭對手現在是領先或落後？股票市場對最新的消息有什麼反應？消費者眞的喜歡我們的新產品嗎？這些問題是重要的企業決策的基礎，但它們的意思不明確，無法肯定答覆，而且是雜亂無章的。

回答這些問題的根本方法是「問人」——而這就要說到帕伯斯在本書中所討論的重點：

資訊系統。群組軟體與網際網路都是可以「問人」的一流媒體，設計出它們，目的正是爲了把點點滴滴的、四散流通的認識與消息傳送給工作網絡裡的人。因此，目前最先進的網路式訊息與應用軟體平台，能幫助企業組織獲取有關目前狀況的資訊。

我們常聽到有人使用這種追尋與克服的比喻；而追尋與克服問題的目的，是爲了找一個可操作的環境——這是今日企業決策的一大挑戰，也因此，新的協作技術引起很多人注意。

帕伯斯擔任蓮花公司主管七年，在蓮花被IBM購併之後，他還擔任總裁與最高執行長。因此在九〇年代他都處於協作型技術的發展核心，再沒有人比他有資格討論這項技術的影響與未來。所以，這本書出自一位最權威的作者，討論的是最新的，深深影響所有人未來的課題。希望大家好好兒閱讀這本資訊業權威之作。

（本文作者爲一家科技顧問公司的總裁，客户包括各大軟、硬體公司。）

作者序

電腦軟體產業的工作步調緊湊，實在很難有多餘的精力與時間寫書，向大家敍述全球資訊網與協作式軟體技術對於企業所造成的強烈衝擊。想要在業界保持領先，就必須不斷快速行動，而這會讓人忙得抽不出空。

但是，我非常清楚，我們刻正面對巨大的改變，不但與社會、政治和經濟等層面有所關聯，連生活與時間都受到嚴重影響。事實上，我認爲我們現在所處的時期，已是文明運作方式產生劇變的初期階段。待我們用今天的技術，開始進入眞正無國界與全天無休的世界之後，以往的基本習慣與名詞，如顧客、社區、文化，甚至競爭者，都將會有新的涵義。

不過，話是這樣說沒錯，但我在這個行業夠久了，我知道資訊業往往誇大其詞，對於未來的改變與躍進所提出的預言往往沒有兌現。譬如專家系統、人工智慧、社會介面、蘋果的牛頓電腦與其他計劃，儘管開始時向大衆強力推銷，結果不是徹底失敗就是行不通。

但是，我們正要進入的這個網路化世界，其影響之深遠，別無其他技術可相比擬。在我看來，全球資訊網潛力無窮，既刺激又難以置信，不斷製造驚奇。過去我擔任蓮花公司的最高執行長，而自從一九九五年ＩＢＭ併購蓮花之後，我成爲ＩＢＭ的資深管理團隊之一員；我覺得自己像是擁有特權坐在前排的觀衆，觀賞一場我認爲最棒也最長的表演。

前面提起的問題還沒回答：爲什麼我要花時間與精力寫這本書？當然不是爲了錢，我所獲得的酬勞全部捐贈給高等教育機構。實際上，寫這本書是出於個人的因素。

我和許多資訊業最高執行長一樣，經常公開演講，與企業界專業人士對談，每年上千次。然而每次都很匆促，所以雖然與許多人有這麼多的溝通，卻總覺得言猶未盡，沒有把今日資訊科技的問題充分表達出來。

所以，我就寫了這本書。我來往世界各地，發現不是人人都能了解，全世界使用電腦連上網路的人口即將突破十億，這事實究竟代表什麼意義。當然，不是每一個人對此都有著和我們資訊人一樣的熱情、興奮與期待，也不是人人都非得開心不可。但是，企業與個人如果沒有參與這次的數位化大躍進，甚至只是遲到，將會相當不利——至少錯失了許多機會。

說得更明確一點，我寫這本書是希望，無論讀者您是企業主管、資訊業專業人士，或是資訊業的朋友與同儕，您都能夠了解：資訊已經成爲全球企業競爭的主要關鍵。更重要的是，目前所發生的還只是暖身運動而已，未來還有更大的改變。在此，我不談今日讓人腦筋轉不過來的複雜技術，只討論資訊業的價值，及其對市場領導地位的影響。資訊業有許多迷思與錯誤觀念，也有許多誇大不實。我希望呈現出客觀而眞實的評論。

爲達此目的，我請一位經常分析資訊產業發展的專欄作家，莫思奇拉（David Moschella）與我合寫，好讓本書能做到客觀而眞實。我做事一向認眞，寫這本書也一樣。我盡量避免對任何產品或公司存有偏見，並且不讓我個人的職位、責任及與業界的關係影響我的看法；我的看法是以事實爲根據的。不過，這和許多事情一樣，說易行難。莫思奇拉素來抱持客觀立場，所以在這方面，他對於本書貢獻良多。

我還要感謝（英文版編輯）費尼契爾（Stephen Fenichell），各位手上這本書有如此品質，全是因爲有他。

我希望，本書可以使讀者諸君對於正在改變世界的新現象更有興趣，也希望我的確闡明了未來許多改變的重要性、方向與影響。資訊業將成爲最大的產業，希望我所討論的議題，能夠刺激各位更投入資訊業。我們的社會正在改變，我們正參與其中，並且見證著全世界在工作與通訊的大躍進。歡迎加入。

1

三種辦公室

以資訊科技爲競爭基礎

自電腦科技問世以來，資訊產業有三個明顯的發展階段。

第一波：使用大型電腦主機的辦公室後台自動化。

第二波：辦公室前端的知識工作者開始電腦化。

到了目前這第三波，則正處於虛擬辦公室的風潮中，

而動力是網際網路與全球資訊網的興起。

網際網路加速了大小企業的改革，

把企業推向全球性的全方位市場導向，

無論他們喜不喜歡，這已是必然趨勢。

身處美國這一波經濟景氣之中，實在很難回想，就在不久前，一般人還認爲美國的自由市場經濟模式已經面臨淘汰。在全球資訊與通訊技術革命之下，大家都認爲，眞正受益的是亞洲國家，例如南韓與日本，因爲他們的政府與企業形成一種合夥關係。

可是今天亞洲經濟一片混亂，美國卻持續六年經濟穩定成長，這些都顯示出未來世界的新模式。自從一九八〇年代中期以來，美國的失業率降到最低點，更令人稱奇的是通貨膨脹一直控制得很好。美國股市規模持續擴張，這也許是美國競爭力強大的最好證明。事實上，相較於世界其他地區，尤其亞洲，美國今日的經濟地位可說是六〇年代以來最強的時期。十年前簡直難以想像，美國的經濟會成爲全世界羨慕的對象。

美國榮景重現的理由

美國過去這幾年在經濟上的非凡成果，應該如何解釋？美國聯邦準備理事會主席葛林斯潘（Alan Greenspan）曾經公開表示，美國公司長期在資訊技術投下鉅資，大約已投下二兆美元，他確信，正是因爲這樣的投資，形成這一波低通貨膨脹與國內生產毛額的成長。投資的效益最後展現在公司的資產負債表上，這是看得見的效益；至於同樣重要的無形效益，我認爲是許多公司與產業爲了因應資訊業的技術進展，在公司內部與產業結構上做了轉型。

幾年前，美國企業被批評爲「短視」、「貪婪」、「空洞」，這種評語在今天看起來當然好笑。財星五百大跨國企業，曾被公認是最令人討厭的企業，好似臃腫龐大的怪獸，對於組織重整、企業改造或精簡組織有著變態般的癖好，是老式資本主義制度的壞榜樣。

至於美國的經理人，大家說他們全神注視著華爾街，關心公司股價的波動；他們短視，只看每季的盈餘預測；資深經理人花太多時間在投資人與證券交易人身上，卻忽視了顧客與企業夥伴。美國需要有更寬闊的眼光，才能對抗亞洲新興國家的威力。當時美國花在研發的經費減少，也證明企業爲了近利而犧牲遠景。

即使是在世界各地都很成功的美國公司，也被批評爲規模太小或太「空洞」，並警告說，美國公司太倚賴在亞洲與其他地區的海外生產，將慘遭反噬。這是所謂的「產業空洞化」，此詞早就不只用來形容製造業，通常是形容美國經濟朝服務導向的發展。

當時有則笑話很能傳達這種心情：如果我們朋友間互相幫忙看小孩時都向對方收費，美國的經濟成長勢必突飛猛進。一些高價值的服務業，如娛樂業、醫療保健、理財投資等不受重視，反而注意速食業、加油站、托嬰服務。

不但美國的管理階層飽受批評，美國的工人也日漸被評爲水準低落，比不上其他國家的勞工。美國工人常被形容爲「技術不精」、「驕縱難馴」、「不夠忠心」，這種批評也許不是空穴來風。美國人在數學、科學和讀寫能力上，一向比其他工業國家低落。大家預測，美國的經濟將逐漸由資訊來引導，那麼教育上的成就愈來愈差，將使得工人的競爭力愈來愈弱。

今天的情況卻完全改觀，美國道瓊指數連創新高，亞洲卻是哀鴻遍野。很顯然的，美國投入鉅資在資訊業上，與其全球競爭力的復甦有很大的關聯。

根據《經濟學人》（*The Economist*）所刊載的粗略估計，美國國內的投資，目前每年約有高達百分之四十二的資金是投入資訊業。這項驚人的統計數字說明了一件事：**美國將近一半的資本，用於提昇資訊技術**。一樣令人驚訝的是，根據《商業周刊》（*Business Week*）的報導，美國國內生產毛額在這次的經濟復甦中，有百分之三十五的成長與資訊業成長有關。

這數字十分驚人，請深深吸一口氣，坐下來想一想這對整個社會的意義。自從一八八〇年開始的十年鐵路黃金期以來，還沒有一項產業對於全國經濟有如此重大的影響力。

網路是加速的油門

網際網路與其圖形介面——全球資訊網（WWW），於一九九四下半年出現——才出現就成爲備受矚目的文化與社會現象；每當論及未來的技術發展甚至商業發展時，談的都是網際網路。但是我們可以說，全球資訊網的價值是既被過度膨漲，也被低估。回顧資訊業技術革命的進展，實在令人吃驚。硬體、軟體與通訊技術的進展可謂日新月異，無怪乎有所謂的「網路年」（web year）這名詞。這詞兒指的是，從改變到下一次改變的週期最多只有三個月，大不同於以往傳統商業以一年甚至更久爲一週期。

許多媒體在報導全球資訊網時，多半著眼於網路足以改變消費行爲的領域。這不是錯，但網路最大的潛在功能，其實在於企業與企業之間的商業與應用，而這一點還很有待開發。

隨著網路愈益普遍，無疑將會大大改變消費領域。但是未來幾年，企業間藉網際網路進行的商務，將會超越企業與顧客之間的網路互動。

過去十年，資訊科技已成爲商業活動的決定性因素。過去電腦的互動只限於企業內部，現已超越商業、社會、政治與地理疆域的界線，爲商業和個人帶來新的工作方式、通訊方式或規劃活動的方式。曾經顯得神秘難解的資訊科技領域，現已成爲人人必備的競爭利器，以它來擘劃未來。

九〇年代最有力的觀念之一，乃是企業的「價值鏈」（value chain）。最早提出價值鏈概念的人，是一位哈佛大學商學院的教授，波特（Michael Porter），他曾寫過多本有關企業競爭與策略的書，也曾擔任蓮花公司董事，並是我的好友。所謂價值鏈，指的是組織與其供應商、銷售人員、採購管道、銷售通路、客戶、顧客之間所形成的複雜網路。

波特指出，如果能利用「價值鏈創新」的手法，把價值鏈上的關鍵人物之間的聯繫加以整合並強化，必大有利於企業組織。但是如果企業已經知道該這麼做了，那麼下一步怎麼辦？在二十一世紀中，企業價值的寶藏不再是一條「鏈」，而是一個「空間」。這是一個無固定形態的領域，技術人員有先見之明，將之命名爲「市場空間」（marketspace）。

從演化的觀點來看，價值鏈概念可說是工業時代的最後遺跡，也可說是後工業經濟的發軔，而網際網路與全球資訊網，是促成新形態企業演化的催化劑。這些工業經濟價值鏈的連結，很快被一個更寬廣而較無秩序的關係網路打斷並取代；不僅大大超越企業的舊界線，事實上是環繞擁抱了全球。

全方位市場導向的系統與企業

網路使企業有機會直接在線上從事商業活動。不過，若想發展出全方位市場導向體系（Market-Facing System, MFS），就要擁有截然不同於以往的商業知識與技術能力。全方位市場導向體系，是構成資訊技術的要素，創造的是顧客在網路上的經驗。發展出全方位市場導向體系並加以執行的這過程，可能會改變或除去許多傳統作業方式與資訊系統資源間的分野。長久以來，企業總認爲，業務目標與技術目標必須對齊，但全方位市場導向體系的出現就表示，前瞻的企業和以科技爲基礎的企業，不能再追求目標上的對齊，而要做到把目標**整合**；這就使得管理與組織必須創新，好讓以網路爲基礎的各種系統可以發揮潛能。

既知未來十年的前景，就要提昇並整合組織與顧客、供應商、夥伴之間的聯繫，也要加強企業與大衆之間的聯繫。大多數公司的主要客戶、顧客、供應商、夥伴，很可能是散布世界各地的，光這一點就逼得企業組織的資源全盤轉變，改把重心放在企業外部。

總有一天，企業主要的對外聯繫方式將是透過自己的網站，以及其他合作性質的訊息系統。像這種新組織我稱爲「全方位市場導向企業」（Market-Facing Enterprise），感謝ＩＢＭ公司的資深策略專家蘭德利（John Landry）想出這個名詞。一個全方位市場導向企業，其商業模式將會一改早先的舊工業與早期後工業的風格，徹底轉變爲全新的模式。

而在還未全面完成轉型的過程中，這一波波改變對於全球通訊產業和企業環境所帶來的競爭壓力，很可能會遠遠超過資訊產業或其他民間企業過去所曾面臨過的競爭壓力。

三個波段

近年來，資訊科技為大小企業的運作帶來明顯的改變；如果不先理解這些改變，就無從明白，以網路為基礎的通訊技術在現代企業中將扮演什麼樣的角色。長久以來，資訊技術被批評為消耗了企業驚人的支出，而其投資報酬率並不具體。不過，我認為資訊業有三個明顯的改變，對於產業造成顯著的影響。讓我們花點時間了解這三個波段的改變，因為目前這一波正在改變我們的生活。

第一波：辦公室後台作業（自動化會計）

第一波是從一九六〇年代後期至七〇年代中期，特色是使用大型電腦主機（mainframe）或小型電腦（minicomputer），把辦公室後台（back office）作業的多項事務加以整合並自動化，包括顧客交易、薪資會計和基本的資料庫管理。

在這段時期，電腦是企業裡高效率的計算機與檔案管理工具，簡單說，就是一個自動化的會計。第一代的資訊經理人，使用大型電腦主機系統與階層式資料庫管理系統，來處理追蹤存貨、建立人力資源檔案、基本的出納與記帳，而這些工作本來是勞力密集的基本事務。

由於電腦只是用來把原本人工作業的事務改成自動化，而且都是內部的行政事務，因此對於公司整體競爭力的影響並不大。對於這一波辦公室自動化所提升的生產力，高階主管大多不予理會，因爲在辦公室後台作業所發生的技術革命，對高階主管的決策過程無甚影響。

第二波：辦公室前台作業（知識工作者）

八〇年代個人電腦出現，電腦的使用從辦公室後方跳到辦公室前端（front office），許多文書處理人員的工作開始自動化。高階主管對於此一改變仍然不太關心，只知道因文書流程更順暢而利潤稍有提昇。然而這第二波的技術創新，已爲今日的「整合式企業」奠定基礎；整合式企業倚賴電腦連線作業與「群組軟體」（groupware），這後來引發了第三波。

這時，使用了所謂「伺服器／用戶端」（client/server）進行全公司的辦公室自動化，包括連線的區域網路（LAN）、全公司電子郵件、檔案管理系統，以及公司與部門的資料庫之後，工作效率大爲提昇，也帶來組織重整，更漸漸改變了工作的基本性質，甚至組織本身。

以前的白領員工退位，繼之而起的是「知識工作者」（knowledge worker）。而針對這種知識工作者開發出可以提昇個人生產力的電腦軟體產品，例如文書處理、試算表、桌上出版與圖形設計。事實上，蓮花公司的1-2-3試算表是第一項資訊業最熱門的應用軟體，帶動個人電腦的風行，也引發這場電腦使用的第二波。至於這些對於辦公室生產力的提昇——說來是自己打自己耳光——如果跟第三波比起來，實在微不足道。

經過第一波與第二波之後，知識工作者使用電腦的經驗已大爲提昇，但要等到電子郵件、語音信箱、資料庫及其他資訊系統廣爲運用之後，對於資訊科技的投資才開花結果。過去，這些在資訊業的投資常被低估，也引起爭議。事實上，資訊業的創新科技，爲「七乘以二十四乘以三六五企業」做好鋪路的工作。以後的企業將是每星期七天，每天二十四小時，一年三百六十五天都在營業。

第三波：虛擬辦公室（全球市場）

從一九九四年開始，網際網路與全球資訊網出現並迅速普及全世界，自此展開了第三波資訊科技革命，帶來了虛擬辦公室風潮。網際網路與全球資訊網，結合了整合式企業的連線工作能力，使組織演進的速度大大躍進。

網際網路加速了大小企業的改革，把企業推向全球性的全方位市場導向企業。企業將會不斷受到全球市場的競爭，無論他們喜不喜歡，這已是必然趨勢。

四大知識節點

「十年寒窗無人問，一舉成名天下知」，這正是全球資訊網的寫照。全球資訊網是網際網路的圖形介面，有了它，大家都能輕鬆運用網際網路。

企業內部網路、廣域企業網路、網際網路、全球資訊網，這四個名詞現在大家常常使用，但幾年前還少有人知道，甚至還沒出現！這四種網路構成網路世界，對於當年或未來的企業競爭力，具有很重要的策略性影響。讓我們仔細探討：

企業內部網路（intranet）。這是一家公司內部的網路，安全性高，可以讓公司內部員工運用資訊科技，分享資訊與知識。

廣域企業網路(extranet)。運用與內部網路相似的技術，把供應商、顧客與其他企業連線。

網際網路。這是一條大衆資訊高速公路，是一個連接了無數電腦的巨型網路。網際網路本來是美國政府爲了保護軍事設施所發展出來的系統，今天已開放給大衆，只要你的電腦加裝數據機，即可連線。

全球資訊網。這是網際網路中發展最快的服務項目，在一九八九年由歐洲粒子物理學實驗室所發明，以超文本（Hypertext）的方式將網頁連結，以方便資料的取得。只要電腦連上網際網路，便可迅速取得地球另一端的資料。

對於這四個知識節點，我們必須認清一件事：他們不是各自獨立的，而是在同一波資訊科技革命下出現的一個整合體。這四個網路互相合作，而非彼此競爭，它們不斷互動，創造出今日與未來的網路市場。

無論產品是書本、汽車、個人電腦、理財服務、醫療保健或旅行，各行各業都必須趕快再投資，才能在未來的環境中生存。過去所建立起來的價值鏈，現已分崩離析。企業必須面對挑戰，並且自我調整，否則就會被淘汰。今日的資訊科技把網路資訊整理成一個豐富的寶藏，從原始統計資料、普通文章到專業論文，甚至複雜的工作流程都齊備。資訊就是財富，而你可以從網路上獲取。

尋找你的定位

一般而言，企業演進的過程可以用下表的16定位來說明，從下而上，由左向右演進。(你前進到哪個位置了?)

任何企業若想在網路空間的市場——以下將稱爲市場空間（market-space），許多科技人員也都這麼稱呼——保持競爭力，就必須增加在組織工作上的能力，必須建立一種新的組織文化，懂得如何**發掘**、**分享**與**運用**資訊。而建立有效率的知識管理（見下表中的3C），牽涉到個人和管理上的誘因、獎賞與報酬，以及工作性質的清楚界定。

4 企業向外延伸的層次	顧客交易與供應商交易	對外的行銷與溝通	顧客和供應商的生態	全方位市場導向體系
3 企業內部整合的層次	全企業資料系統與應用軟體	全企業的溝通	全企業的知識管理	企業作業程序的更新
2 強化工作群組的層次	工作群組的資料系統與應用軟體	工作群組的溝通	工作群組的合作	工作群組作業程序更新
1 強化個人的層次	資料的創造、存取與使用	資訊的存取與編寫	訓練、教育與專業	工作流程的整合
	A 資料	**B 資訊**	**C 知識**	**D 工作**

企業的 16 定位架構圖

知識管理需要一個全新層次的工作群組，甚至需要全公司的團結合作。而合作——或者就說是協作式技術（collabrative technology）——是知識管理的DNA。訊息傳遞的軟體仍然是合作式科技的熱門產品，所以我們可以說，知識管理以訊息的傳遞爲中心。不過，知識管理包含了更廣泛的由科技促成的能力，以創造、發掘與傳送爲三大要素，三者缺一不可。

以往，多數的資訊系統都注重內部，未來十年將變成以**外部**爲重點，也就是會變成全方位的市場導向（見前表4D）。這樣一種轉變，會在企業組織和企業文化上帶來深遠的影響，考驗著企業和政府領導階層能不能做到讓組織的所有層面都跟上新環境。

企業與顧客、供應商、夥伴或其他配合盟友之間，愈來愈需要密切合作，這將成爲企業創新的重要因素（見前表4C）。在這方面所帶來的挑戰，將進一步考驗彼此的信任、安全感與開放的程度，尤其在遇到必須共享智慧財產或其他企業技術時。

過去十年來的企業重整，很可能只是第一步，日後將有更大的變化。將來勢必要有效整合資訊科技業間的資訊流動，而這將翻新許多產業的分界方式。

過去十年來，許多公司透過企業重整或改造，追求讓組織更精簡、更扁平、更靈敏，在自己最擅長的事務上精益求精。但是未來十年，這些策略都得檢討更新。未來，調整能力與彈性將取代企業重整，成爲企業的核心條件。

過去，多數組織致力於發展健全的內部網路。現在，加強內部網路能力還是非常重要，但未來十年，發展全國性或全球性的資訊網路，將比提昇內部資訊系統更要緊，因爲各行各業將快速整合。以後企業最重要的網路使用，是與公司外部的連線，所以，企業會日益倚賴自己國家的網路基礎建設，而每個國家的網路基礎建設情況可能不同。

網路有一種「**臨界規模**」（critical mass）的效應，愈多人使用，它就愈有價值。因此，一個企業在資訊科技上的投資是否獲得應有的價值，就看該企業與外界的連繫是否夠寬廣（見23頁表4B）。換句話說，連線的範圍愈大，所得的利益愈多。

未來的商務活動都將在數位網路的環境下進行（見23頁表4A），企業也得在這種環境中重新調整自己，不管這是內部網路或廣域網路。所以，我們應該了解：**你的企業能用科技來做些什麼，全看你的顧客、供應商和夥伴能用科技來做什麼**。

互相依賴求進步

過去十年裡，企業多少都能掌控自己在技術方面的發展，也就是說，可以自定策略與目標。但是在未來十年，網路將愈益普遍，企業必須調整策略，以配合外界、全國、區域性，甚至全世界的社會規範。交易過程、稅務、隱私、安全性和跨國業務來往等等問題，都需要社會與政府的協助；上述議題有一個共同點：互相依賴。請思考以下事項：

・採行全方位市場導向體系時，業務與資訊技術的領導層必須密切合作。

・知識管理要做到提供動機與獎賞給分享知識的人，而有人私藏資訊時也許要處罰。

・在企業組織合作之下，沒有一家公司會完全孤立。
・在產業融合之下，想要迎合顧客需求，其關鍵也許要在其他行業中尋找。
・在公共的網路基礎建設下，一家企業面向市場的能力，不會比競爭對手強多少，因爲資訊對所有人公開。
・臨界規模的意思是說，其他人做什麼，足以決定你能做什麼。
・社會整合的意思是說，在網路上做生意，將會要用到新的法律、顧客和程序，而這些不是一家公司能獨力建立的。

總之，如果說以前的時代是由各公司自行決定競爭策略與價值，那麼在未來，企業會進入一種互賴的進步與演化循環。所以我們眼前有一個大問題：**企業重心的大變，對於未來全球企業競爭力有何意義？**

面向全球市場

在媒體上和在網際網路裡，有人爲未來世界勾勒出烏托邦的景象，我卻認爲網路不太可能在一夕之間就改變世界。現代生活的許多特質，像是各國在地理疆域上的國界，以及各國政府所擁有的主權，不太可能立即被推翻。

每天，日新月異的科技總向世人招手，說它可以帶來一個無疆界的世界。但即使是一個眞正完全整合的全球市場，面對著各國及各地區不同的法律與風俗，也必須有所調整。

我個人並不認爲這是一個很糟糕的情況。畢竟，從工業革命到發現電力，以至較現代的幾項發明如汽車、電話、電視，現在的網際網路只是這一長串重大科技創新的最新一環，只不過，它在沒有推翻基本的國家文化分野的情況下，帶來全球性的衝擊。我相信，大概世界各地的人都希望能保有商業、政治和文化上的多元性，這種想法不至於倏忽不見，而這些古老的界定也不可能在短時間內就消失。

但在許多重大事項上，例如安全、電腦加密、稅務、出版檢查、智慧財產權、法令規章等，快速成長的新興全球性企業需要在地方、州際、全國，甚至各國政府間獲得有效的合作。可是由於全力向前衝刺的資訊產業與向來謹愼保守的政府部門，在本質上就很不同，所以一定會有衝突——而也要有衝突才好。未來，在政府部門與私人企業，以及地方與中央之間，一定有許多地方需要互相妥協，這便會出現全球市場的「在地化」。我認爲，在地化對於地球來說絕對是好事。

我不擔心金融與政治上的衝突，我擔憂的是，資訊科技產業本身在未來可能會產生鴻溝與分裂。資訊科技的功能如此強大，如此無孔不入，資訊業所投注的競爭賭注高得驚人，難怪資訊科技業界的人要以他們所生產的服務與產品，來全力追求最大利潤。

今日網際網路的標準與原始設計源自政府與大學，不牽涉利潤的問題。回想起這一點，我們應該覺得慶幸。相反的，資訊產業努力想在一個公開的標準下作業（ＵＮＩＸ作業系統就是一例），但經常遇到系統不相容的問題，或業界有人不表贊同。

我們資訊業目前的挑戰，是如何善用競爭精神與創新能力，以網路文化中的公開和可交互運作的精神，讓各資訊系統與網路可以互相溝通，而不必管智慧財產權的問題。我知道，在資訊業有許多「A型性格」的人，是這種性格在驅策著產業前進；但我相信，資訊業的人都會認爲，把競爭力與創新能力加以結合，並不是讓步或犧牲。

在社會、文化、科技發生巨變時，領導地位總是會產生變化，因此資訊業在未來幾年，甚至未來幾個月，居領導地位的企業也會不同。看看過去十五年來，金融服務業、零售業、運輸業、電信業及其他各大行業變化多大！你認爲未來十年變化不會更大嗎？

未來的企業領導者無疑將會利用電腦來開創事業，或用它來改革原有事業，或重構產業的運作方式。電腦、電子通訊和家用電器，這三者正在快速整合（因爲三者的數位基礎相同）；以後，非資訊業的其他產業，如製造、物流、銀行與金融服務、批發與零售、出版、媒體娛樂、保險與醫療保健，將會產生重疊。

我們現已進入資訊業創新的第三波，也是運用網路建構虛擬辦公室的時期，企業面臨的挑戰實在太多，很容易就忽略了政府在這改變階段所扮演的角色。資訊業必須了解政府和其他產業的需求，尤其要與電信業協調，以追求一個網路連線和無線通訊的世界。在建立起眞正的全球市場之前，有幾個關鍵的問題：

・哪個國家可以發展價廉的高頻寬系統？
・哪個國家可以讓所有國民都連上網路？
・哪個國家在修改法律以配合新的技術能力上做得最好？
・哪個國家的國民最具有創新能力與創業精神？

以上問題的答案，很可能在未來十年決定了誰將領導世界。從近代歷史可以看出，科技上的領先與全球經濟的成功，通常有密切關係。也許要十年的時間才看得出以上問題的答案，但是網際網路已經告訴我們，早期即在市場上領先，獲利最大。

2

內外變動的面貌

連結智慧的孤島

在網路出現以前，個人電腦還是獨立作業，
知識工作者有如一座座的「智慧孤島」。
像 Lotus Notes 這種群組軟體，
把許多單獨作業的知識工作者連結起來。
這麼一來，不但工作的本質徹底改變，
連管理與企業的本質也爲之徹底翻新。

亞里安的指南針

一九九一年十月，加州舊金山近郊的奧克蘭市附近山區發生嚴重的森林火災。大火摧毀三千棟民宅，許多居民被迫疏散。大火最後撲滅，但是奧克蘭已成災區。

發生這類災情時，最早進入災區的人除了緊急救災人員之外，通常就是保險公司的理賠估算人員。在奧克蘭大火延燒期間，一家名叫消防隊基金（Fireman's Fund）的保險公司——它是德國最大的保險公司亞里安（Allianz）的子公司——就在當地的旅館內成立工作站，以支援自己的理賠人員。他們的任務是先設計出一套應變的協作軟體方案，以備萬一突然出現太多申請緊急理賠的案件時，可以用它來迅速處理。

大火後的次日早上，當地報紙列出房屋可能已全毀的住家或商店地址。消防隊基金的程式設計人員照著這份地址清單畫出一張地圖，透過網路系統，傳送給公司裡的舊式電腦主機系統。公司很快就知道，全毀的房屋中有誰向消防隊基金保險公司投保。

消防隊基金保險公司這一套令同業望塵莫及的立即資訊系統，使得他們可以立即「鎖定」鄰近災區足量的出租房屋。他們的保戶如果房子被燒毀，或是災區被封閉，該公司可以立即提供客戶租屋的選擇。客戶若蒙受嚴重損失，該公司也能迅速理賠。

在處理類似這種危機時，企業的表現不只是客戶感受得到，社會大衆也會注意到。當時消防隊基金保險公司的最高執行長（CEO）是比特曼（Virgil Pittman），他看見一群程式設計師能立即設計出一套應變方案，以快速又有效率的方式處理問題，印象十分深刻，因此要求公司所有業務部門也都必須具備同樣的連線工作能力。

其他保險公司的策略是爭取業務，促進業績成長。但比特曼認爲，發展完善的資訊科技對於公司的核心業務更有貢獻，勝過改善公司在既有業務上的管理。

比特曼監督進行了一次研究調查，結果發現，保險業務員花百分之六十五的時間在處理資料，只有百分之八的時間用於風險分析，而風險分析才是保險業的主要工作。同時，消防隊基金保險公司有三十八個營業處，每個營業處各有一套程序與制度，也都有自己的表格與信件樣式，這造成若干組織上的混亂。

總公司沒有一份統一規格的保單，也不知道客戶以前與公司的來往情況，業務員在外推銷保險，保單的設計漫無標準。業務員除了靠少數的關係之外，在爲客戶設計保單時，很少找專家提供意見。這問題如何解決？

消防隊基金保險公司所設計出來的合作式網路方案，名爲「指南針」（COMPASS: Commercial Profit Acquisition and Support System）。這是自動化的統一保單資訊系統，可以同時執行費時又耗力的風險評估工作。公司內人人隨時可以使用這系統，當然使用最多的是業務員，但不只是他們獲得好處，理賠估算人員、損失控制專家和其他知識工作者也都受惠。

以網路爲基礎，重新設計開立保單的系統之後，消防隊基金保險公司不必花錢購併其他公司，就迅速達到成長目標。兩年內，保險費的收入從十五億美元增加到二十億美元。

企管顧問漢默（Michael Hammer）是企業改造的「教父」，最近說過一句名言，足以說明「指南針」方案成功的原因。漢默說：「企業改造的眞正重點，不再是如何減少員工，而是如何讓員工貢獻更多。」科技對企業改造有所助益之處，竟來自數位化通訊網路。

群組軟體的興起

奧茲（Ray Ozzie）是一位相當有遠見的程式設計師，他在一九八四年爲蓮花公司設計辦公室套裝軟體「交響樂」時，首先構想出以網路爲基礎的協作式共用軟體。今天個人電腦已非常普遍，但當時美國的桌上型個人電腦數目實在寥寥可數。奧茲預見，未來桌上型電腦將可透過高速數位化網路「交談」。他所設計的革命性軟體Lotus Notes，已經準備迎接網路。

這一個先進的概念爲電腦使用的第二波打下基礎。彼時，電腦的使用由大型主機轉至桌上個人電腦，同時個人電腦與工作站也由網路連線。奧茲在唸研究所時就參與了最早期一個電腦網路的研發工作，從而引發他一個構想：如果一個組織裡的員工透過電腦共用並分享資訊，這一群人就可創造出「共同智慧」，而企業也可以連成一體。

從純粹應用的觀點來看，群組軟體（groupware）面對的是極不尋常的挑戰，原因之一是，提供多工處理（multitasking）的工作平台還不普遍，而個人電腦必須有這一項功能才談得上建立網路。這時微軟的Windows 1.0上市，但作爲Windows主要性質的多工處理，其發展還在未定之天。

當時蓮花公司資源有限，無法投入太多協助，但公司創辦人米契・卡柏（Mitch Kapor）仍支持奧茲成立一個獨立的事業體，讓他完成網路的夢想。奧茲將它命名爲「鳶尾花」（Iris），也是一種花名。

蓮花的「1-2-3試算表」於一九八三年一月推出上市，結果成爲熱門應用軟體，而且咸認是這項產品引發了個人電腦革命。蓮花公司上下對此大感意外。奧茲的網路夢想，加上電腦業的許多事件、創新與催化性的發展，註定要把個人電腦革命領往下一波：讓個人不再單獨作業，而是團隊一起工作，進而提昇個人生產力。

當時個人電腦還是獨立作業，有如一座座「智慧孤島」。群組軟體的出現，說來也是爲了要解決一項個人電腦革命不小心製造出來的問題：在太多的組織中，有許多不與別人連結的員工，待在辦公室敲打自己的電腦鍵盤，死盯著電腦螢幕，如果想與其他人交換訊息或溝通，必須另闢管道。

區域網路

叫做「檔案伺服器」或「主機」的大型電腦主機出現，是網路時代的發軔。這一型的伺服器或主機，連結所有「用戶端」（個人電腦與工作站），構成區域網路。檔案伺服器把程式與資料儲存在中央主機，用戶均可連線存取。

在這初步階段，大多數網路軟體都需要強大的處理能力，例如資料庫存取最佳化的能力，所以通常安裝在伺服器內。而產生圖形的程式通常裝設於另一端的個人電腦中。這樣的配置有一個基本問題：桌上電腦的個人工作能力得以提昇，但對於整個公司或團隊的貢獻並不大。

曼齊（Jim Manzi）於一九八六年繼任蓮花公司最高執行長。他全心支持研發Notes，而公司許多人懷疑這套軟體的價值。不過曼齊深信群組軟體的潛力，所以他努力讓Notes跳過傳統新產品上市的起動階段，而在上市之初就是公司的主力業務，最後果然成功。曼齊達成業務初期目標之後，找我去負責Notes的部門，讓這產品打開銷路，並讓以Notes為第一項產品的協作型群組軟體（collaborative groupware）成為一門新產業。

我一九九三年進蓮花公司，當時目前的Notes版本正要交貨。雖然說財星五百大企業中有許多客戶採用Notes，不過它還是一項有待照顧的新產品。當時Notes的營收只有幾百萬美元，但在短短六年後，以Notes為中心的群組軟體，發展成一門數十億美元的產業。

我在新職位上的第一樁任務，就是擴大這項神奇產品的市場，並創造一個可以持續發展的新產品類型，而當時的人還不知道這項產品是啥，也不識其功用。事實上，我們自己關在小房間裡討論了好幾個月，才知道如何描述這項產品及這個產品類型。光是想出「群組軟體」這一名詞，並且讓人知道這到底是什麼東西，就花去我們不少時間。

儘管區域網路日漸風行，但在八〇年代後期，要建構一個區域網路還是大有問題：

・如何充分利用這個更能分享資訊的系統？
・應該在這些網路上傳遞什麼樣的資訊？
・如何恰當處理或儲存這些資訊，以供將來使用？
・旅途中無法連線時，坐在飛機上使用筆記型電腦時，是否眞能取代桌上電腦，具備所有網路互動功能？

新一代的資訊經理人愈是深入思索這些問題，就愈明白：資訊的本質及用來處理資訊的過程，需要徹底翻新。

短視的大型主機

在加入蓮花公司之前，我在電腦業的經歷，坦白說眞是五花八門。八〇年代，我在卡力網軟體公司（Cullinet Software）當遍各種高級主管。卡力網是美國第一家在紐約證券市場上市的軟體公司，軟體業是未來的明星產業，所以公開上市後股價馬上飆漲。

卡力網堪稱新生軟體公司成功的典範，但它太過相信自己的大型主機資料庫管理系統IDMS的速度與功能。儘管個人電腦的威力與普及就在眼前進行，公司還是迷戀大型主機與大軟體，並且採取直接銷售給財星一千大公司的方式。卡力網忽略了中小企業的市場和各種流通管道，而這些最後都成爲軟體業的市場主流。換句話說，卡力網根本沒有走出大公司與直接接觸顧客的經營模式。

最後，這種短視的市場眼光，加上以用戶端爲基礎的資料庫技術愈來愈便宜與簡單，很快就使卡力網公司失去市場領導者的寶座。我在公司的最後一段時間，忙著與其他主管想辦法把公司賣掉，最後我們賣得的價錢還不錯。我得到教訓：卡力網公司太過短視近利，無視於個人電腦與網路化革命的來臨，使得它從軟體業的象徵，摔成資訊業歷史的一個註脚。

在卡力網之後，我到另一家上市軟體公司卡格努思（Cognos Incorporated）擔任了四年的總裁與最高執行長。我在卡格努思公司時，連續幾年業績都很好，股價配息曾經創下第二高。我記得在那幾年，卡格努思的市場價值成長了四倍。

Lotus Notes

我在蓮花任職時，遇到蓮花在發展上第二次的孤注一擲。本來非常流行的 Lotus 1-2-3，就在蓮花準備 Notes 軟體交貨時，開始在市場上慢慢退燒。

Lotus 1-2-3 的主力市場地位被競爭產品吞噬。蓮花發現，自己在所謂辦公室套裝軟體的市場中，與微軟捲入一場鏖戰。這場大戰至今未歇。在這包括試算表、文字處理、簡報圖表與個人資料庫在內的辦公室套裝軟體市場上，微軟取得主宰地位，佔有百分之九十的市場，剩下的由蓮花與 Corel 公司瓜分。

回顧一九九○年，我們有很好的產品，Notes 即將上市，這是好消息；但糟的是我們沒有一個健全的市場。我們急著尋找新的資源與使用者，必須讓顧客明白這套軟體的價值，並且理解我們第二套熱門軟體的無限潛力。

我來到蓮花，我覺得可以讓使用者把用 Lotus Notes 變成一種習慣。若要做到這樣，在行銷上的第一個問題就是要清楚說明：Notes 是什麼？坦白說，回答如此基本的問題，和幾年前向第一波的知識工作者解釋什麼是 Lotus 1-2-3 同樣困難。Notes 功能強大，又有彈性，但也正因爲這兩樣特性，使得它很難歸類——因此我們才會像前面提過的，關在小房間裡討論如何向別人介紹 Notes。

無論如何，蓮花必須向潛在顧客解釋 Notes 是什麼。Notes 基本上是一種資料庫，或更精確地說，它是物件儲存庫（object store）。資料庫是貯藏資料的地方，通常用數位形式把資料存成電腦檔案，而可以用完全不同的表現方式、形式、格式來讀取或重組資料。

Notes 的物件儲存與其他資料庫管理程式不一樣，Notes 以「文件」（document）爲處理單位，而非以傳統的結構性資料爲單位，而且 Notes 在資料處理上比較有彈性。此外，Notes 的資料庫通常是放在像ＵＮＩＸ或ＮＴ這樣的工作站，甚至大型主機。

伺服器透過網路來服務使用者或「用戶端」，而用的大多是區域網路。用戶端在個人電腦上工作時，很容易存取伺服器裡的應用軟體或物件庫，也可以把所需的資料複製，儲存在自己的硬碟裡。

有結構與無結構的系統

若要把這個以網路爲中心的時期和群組軟體的演進，放在較大的整體環境下來理解，我們要先看看，資訊技術從辦公室前台作業時期的自動化早期所開始的演變（參見下表）。這演進過程的特色，可以用結構性與非結構性系統間的差異來說明。這種差異，主要與系統處理資料的單位形式有關（原始資料或文件）。第一章討論過，在資訊業演化的前兩波，文件成爲資訊處理的形式。而目前的資訊科技，多少是結構性系統演進後的成果，並且與資料的形式，以及資訊業在組織與處理這一類資料上所得的進展有絕對關係。

結構性系統（structured systems）由來已久，比前面提到的其他處理程序或系統都來得歷史久遠，可追溯到一九四〇與五〇年代，也

3 企業內部整合的層次	全企業資料系統與應用軟體	全企業的溝通		
2 強化工作群組的層次	工作群組的資料系統與應用軟體	工作群組的溝通	工作群組的合作	工作群組作業程序更新
1 強化個人的層次	資料的創造、存取與使用	資訊的存取與編寫	訓練、教育與專業	工作流程的整合
	A 資料	**B 資訊**	**C 知識**	**D 工作**

1987-1994 **企業使用電腦的情形**

就是資訊業的初創期，當時資料處理還在使用打洞的卡片，以人工處理。到了八〇年代中期，技術進步而成本也較低了，企業負擔得起非結構性系統，大型電腦主機提高了資訊運用的層次，從處理薪資表、總帳、存貨等工作，提升至「自助式」(self-service) 的結構性系統。大家最熟悉的系統，包括銀行提款機、股票交易系統、訂票系統、信用授權服務、一般的紀錄處理、信用卡電話服務，以及機器售票。

結構性系統運作的關鍵，在於資料庫管理軟體，通常會是關聯式的資料庫 (relational database)，但也有不是關聯式的。關聯式資料庫的技術，是八〇與九〇年代初期推動企業再造運動中的數位骨幹。

能夠快速存取重要資訊的資料庫管理系統，愈來愈受企業歡迎，因爲企業漸漸懂得使用一個資訊庫來執行更多業務機能。於是甲骨文公司 (Oracle)、Informix、Sybase 等資料庫公司，在這時期快速成長。事實上，正確的資料庫管理策略，已成爲企業創新的關鍵能力。現在在乎的是，獲得資訊後如何發揮更大作用。目前有許多「資料倉庫」(data warehouse)，甚至更專門的「資料市場」，都想從交易資料處理中「挖寶」，冀望能了解更多樣的業務形態，以及更大的目標市場與顧客。

辦公室後台作業系統所處理的大多是結構性的資料，因爲任何資料庫管理系統都會要求，資料的輸入方式必須一致，這樣日後才能處理。而辦公室前台系統處理的則屬非結構性的資料，一般是以文字或文件的形式來表達。不過，雖然說電腦有利於搜尋、校對，或是將文字與文件重新格式化，卻無法分析內容和分類，也無法把其他非結構性的資料賦予附加價值。換句話說，非結構性的文字通常是設計給人使用，而非給機器使用。

工作的本質在變

而群組軟體的出現，必然會徹底改變工作的本質。

在多數的公司裡，工作在本質上仍然是一個結構化的程序——或至少期待它是結構化的程序。組織希望員工以某種方式，在某段時間內完成工作，並且是在組織最可預估、最能管理也最一貫的情形下完成。但高度結構化的系統並不總是最能有效完成所有工作的方法。所以，到最後，大多數的工作並不是「高度結構化」，而成爲「**大部分**結構化」。今天大多數組織面臨難題：如何有效結合架構化的資料與非架構化的資訊，然後產生一個有效率的「**大部分**結構化」的工作程序。

事實上，如何有效結合「結構性資料」與「非結構性資訊」，是過去十年來，隱藏在工作程序重整與改造底下的目標。例如，從事顧客服務的業務員，可以存取所有顧客的相關資料（結構性資料），也能得到可以提升服務價值的資訊（非結構性資訊），如例行的拜訪客戶報告、報價單或顧客申訴紀錄。

電子郵件與資料庫管理有一個共同點：它們都促使組織產生實質改變。因爲在電子郵件與資料庫系統中，資訊的傳遞多半以水平方式進行而非垂直。換句話說，電子郵件使得溝通變成非正式，而且隨時隨地可溝通，也不再是以往命令式或階級嚴明的威權式溝通，因此合作方式改變，而組織的文化也改變了。

電子郵件使組織扁平化，也打破各國特有的管理結構。欲有效運用資料庫，也必須在策略上進行組織重整，以打破業務、行銷、顧客服務等部門之間的藩籬。

無論如何，必須先徹底改變企業組織與文化，才能獲得實質利益。今天，許多組織從根本改造自己企業，好從資訊技術第三波的快速發展中獲利。而這第三波，就是把企業內部網路與網際網路和全球資訊網整合。

工作群組、線上討論與集體智慧

有了群組軟體後，工作群組（無論實際或虛擬、正式或非正式）更能密切交流，交換資訊。這些應用軟體包括電子郵件、電子行事曆、線上文件儲存櫃（on-line document repository）。一旦員工知道如何連線分享資訊後，就有更多創意十足的團隊更懂得善用資訊，積極利用網路的強大功能。

然後，小組人員利用連線討論，發掘了其他人在工作之外的才華。透過企業內部網路的這種非正式的閒聊，有助於員工彼此深入了解，並且有機會參與別人做決定的過程。企業內部網路最後演變成組織的集體智慧。

各部門備有群組軟體之後，可以知道如何更有效做決策。以前我們總是嘲笑，任何決策都必須成立一個委員會來做，現在可以由大家在網路上共同做成決策，這樣的決策品質，往往比以前由上而下的權威式決策更好。

事實上，決策過程從「由上而下」轉變爲「由下至上」之後，企業組織就會發現，有些管理層級可以去除。企業將可從這種網路合作模式出發，變得更輕盈扁平更敏捷。

工作流程

電子郵件讓員工可以視情況與需求來改變決策過程，這使電子郵件的使用大增，它也變成一項管理工作流程的精密工具。工作流程的概念，一向是許多成功改造企業的核心思想；**工作流程的要義，是把以前用人力操作的程序改成由電腦來支援**。

有一個很好的例子：以前由專人在部門之間傳送求職申請書。在網路新時代，「申請人追蹤系統」(applicant tracking system, APS) 就可取代以往的來回奔波。「申請人追蹤系統」可以把求職人的所有書面資料存在資料庫內，各部門的人力資源經理同時評估這些求職人，彷彿一起開會。即使各部門的人力資源經理分散於全國各辦公室，甚至世界各地，還是可以一起評估。

這麼一來，在不同時區同時進行面對面的溝通會議，不再成問題。所有負責決策的人，隨時可利用數位化網路「開會」。

學習工具

近年有關商業管理的論述中，許多人大談自己的經驗，認為該快快整頓那些反應遲鈍得有如巨獸的龐大組織，把它們改為扁平又聰明的「學習型」組織。那些階級式組織充滿了令人窒息又不知所云的文件垃圾；一旦扁平化，將會充滿朝氣與活力，從內部或外部都可及時取得相關資訊，也將更樂於接受改變。許多管理專家一致認為，只有在眞正的學習型組織中才能產生眞正的組織改造。

而最近興起的通訊技術革命，讓學習變得更容易。各式各樣的服務如野草般冒出，以迎合對於知識既要多樣又要及時的需求。這些服務包括電子郵件、語音信箱、呼叫器、行動電話，以及聯邦快遞的隔日送達服務。最近，電子郵件擴充功能，包含了工作管理、小組討論、分享參考資料、檔案交換等等形式的資訊分享。非結構性資訊在使用的工具、應用方法與價值上，都有前所未見的爆炸性突破。

多工作，少休假？

資訊與通訊技術的發展，把工作的時間拉長了，因為現在不管你人是在路上、在家中，甚至度假，都可以工作。而市面上的各種通訊產品（尤其在美國這兒）也讓人可以隨時隨處工作。在假日時整理語音留言或電子郵件，已成現代生活的共同特色。

雖然一般人認為科技會破壞我們的私生活，我卻認為這不見得是壞事。在外度假還要遙控公司大小事務，當然會破壞私生活，但這樣也使我們可以休更長的假。換句話說，度假時偶而工作一下，總比毫無休假好。

管理的本質也在變

當工作改變了，管理也得跟著改變。

在管理上的改變，隨著四個大方向走：非同步通訊（asynchronous communications）、認證（authentication）、資訊散播（information dissemination），以及機動性（mobility）。

語音信箱與電子郵件屬於**非同步通訊**，訊息隨時可以傳遞與接收，送信人與收信人不必直接連線。與人通電話時免不了要寒暄問候幾句，非同步通訊就不必浪費這時間，而如果你想跟全球各地通訊，非同步通訊系統是不可或缺的工具。傳眞機可算是非同步通訊系統的前身，但非同步通訊系統可按訊息的重要性加以排列，這就比傳眞機進步許多。二十四小時服務的企業特別需要非同步通訊系統。事實上，許多行業都應該二十四小時有人服務。

語音信箱與電子郵件的訊息都是可以儲存的。這一點比較少人注意，但是很重要，因為這類訊息可以成為有用且永久的記錄，必要時可當正式的證明。此外，語音信箱與電子郵件還可以散播，具有快速的**資訊散播**的功能。

語音信箱與電子郵件也有助於提高**機動性**，因為隨時隨地都可傳遞或接收訊息。而更明顯提高機動性的應該是行動電話、呼叫器、筆記型電腦這三者的普及。有了上述這些，必要時請個快遞，我們幾乎隨時隨地可以工作。

不久前，《商業周刊》估算，美國大約有一千萬人是「孤鷹」(lone eagles)，這是指隨時隨地可以工作的專業人士。有了資訊科技，這一千萬的「孤鷹」具備許多可翱翔天際的能力，就算不與人面對面，也能工作。資訊高速公路已對大衆開放，範圍愈來愈寬廣，這樣的孤鷹也可能愈來愈多。

直接報告與管理哲學的改變

從管理的觀點來看，效率高的通訊系統可以讓較扁平精簡的組織成長，增加火力。到底什麼是扁平化組織？它只表示主管要面對更多屬下的直接報告嗎？擁有先進電子郵件的公司多半會假定，重要的訊息可以在二十四小時內回覆，不管時間空間的限制。在眞正全球性的企業中，這種改變的正面效果更明顯，因爲時差是會影響競爭優勢的。

假如你是一家全球性企業的主管，下午五點從紐約發訊息給雪梨，第二天早上進辦公室時，對方的回覆已經在等著。這已成爲現代工作的標準程序。以前下班後工作就停擺，現在可以有效利用時間。

過去十年，文字處理開始普遍之後，以文字爲主的非結構性資料，對員工與主管產生深遠影響。不過，最重要的還是在效率與資訊來往上有重大改進。許多公司大幅減少秘書，甚至完全消除秘書的工作，這已成趨勢。一個典型的「科技回饋環」(technology feedback loop)產生，因爲資訊科技製造出更多資訊，又需要更先進的技術來處理。

直接向你報告的人一旦增加，表示你對通訊的要求會變高，通常所管轄的範圍也會加大。和讀者您一樣，我已經習慣了各地區，甚至各國的經理直接向我報告。若沒有今日的通訊科技，根本無法經營全球性的企業。這是事實。

通訊技術的進步，在跨國的溝通上不僅是提昇效率而已，也影響到管理哲學。傳統上，大多數的全球性組織依照各國國情，採用不同的經營架構。這樣做的主因當然是讓提報告者不必向好幾個人報告，也減少國際間的通訊，只由各國的經理向總部報告，其他人在國內溝通就行了。

但從業務或顧客的觀點來看，這種方式通常沒有效率。日常工作中，最能讓員工有效完成工作的資訊，一般不在他們國內，而是在別人的腦袋裡，但這些人可能就在隔壁的辦公室，也可能在地球的另一端。

隨著通訊技術的進步，許多企業不再只專注於國內市場，而把眼光移至全世界——這個轉變過程通常很辛苦。而既然組織的結構比較不嚴密了，就需要密集的國際通訊才能跟分處不同國家的員工溝通，這在電子郵件出現之前簡直是不可能的事。

展望未來，可以預見除了電子郵件之外，文件訊息傳送(text messaging)系統將會成爲更先進服務的作業平台。例如蓮花的 Notes，有任務管理、行事曆、工作流程、小組合作等功能，以訊息傳遞爲基礎，具有非同步通訊與地區獨立作業的所有優點。實際上，蓮花已開發出新一代具備同步通訊能力的軟體。

同樣的，商業本質也變了

群組軟體及其他網路與協作型軟體，在提昇業務流程與效率上至關重要。它們最大的優點表現在三大範圍：速度、效率、創新。

一、速度

過去幾年，你聽到多少人講，現在商場上的速度比以前快太多了，或聽到有人用比較新鮮的字眼說，商業的「週期」不斷在縮短？我聽過太多人說了，甚至不再深思是否果眞如此。爲什麼今天商場上的週期愈來愈快？我們怎麼知道？每一代的企業領導人都覺得，做生意的速度比前一代快很多，而速度一直是一項優勢。感覺就是實情嗎？我們如何確定？

有許多理由可以說明，爲什麼這只不過是我們自己的感覺。銀行、航空公司、電信業及其他醫療保健業，它們的市場以前都沒遇到什麼競爭，現在全世界都在解除法規限制，以加速這些產業的改變。同樣的，全球性競爭也使許多產業增加了競爭者，一旦競爭變激烈，當然變化的週期也就短了。日本汽車就是因爲產品週期短，所以在美國市場大受歡迎。但是所有的產業愈來愈快，主要原因也許和資訊科技本身的快速變化有關。

我自己的經驗可以證明，資訊業的產品週期比其他產業短得多又快得多。軟體產品很少能上市超過一、兩年還不升級的。而產品功能的提昇，多半會鼓勵顧客趕緊採用新產品，以免其他人因使用改良功能的產品而取得領先優勢。

既然資訊科技在今天已是所有產業的基本條件，那麼一連串的技術創新，勢必會加速非科技產業的產品週期。待科技更加普遍時，這種效應會更強。在許多影響生活至劇的重要產業中，資訊科技扮演的角色極為關鍵：

· 金融服務機構競相設立自動提款機，希望成為普及率最高的公司。
· 電信公司爭相提供個人長途電話優惠價格。
· 汽車公司先在駕駛座裝設安全輔助氣囊，然後是雙氣囊，接著側邊氣囊。
· 電腦硬體公司在個人電腦中使用英特爾的最新微處理器，價格卻愈來愈低。
· 航空公司不斷提供最新的累積里程數優惠方案，包括銀行認同卡、餐廳折扣等等。

幾乎在所有產業裡，凡是把眼光放在未來，並在發展迅速的網路式經濟中投下巨資的企業，都能取得市場領導地位。

關於速度，當然跟「回應」這個較廣義的問題有密切關係。對於不斷改變的機會、競爭、科技，以及永遠都在改變的顧客喜好，企業必須不斷予以回應。在經濟活動和各個產業中，服務都佔很大的份量；能夠即時回應，將是創造價值與維持競爭優勢的關鍵因素。

二、效率

效率一向是商業競爭的重要因素，企業無時無刻不在設法降低成本，最有效率的公司素來是最成功的公司。但是今天的企業比以前更追求效率，原因有三：法規鬆綁、全球化、資訊科技快速發展。

在法規鬆綁之後，原先的市場擁入更多的競爭者。銀行、航空公司和電信業不再獨占市場，而要面臨競爭，這就只好努力降低成本，並且提升服務水準。回顧過去，美國何其有幸，能比其他國家提早經歷這些改變。

而全球化所帶來的影響，與法規鬆綁的重要性不相上下。大多數的產品與服務現已成必需品，隨處可得。因此，從長遠來看，不論賣的是電視機、個人電腦、航空公司機位、電話、日用品、汽車，只有最具效率的公司可以生存。

這些產業的特色，愈來愈變成是激烈的價格競爭與全球市場佔有率的爭奪。國際市場的障礙已倒，無處可躲。幸好資訊科技的發展迅速，讓今天的全球性企業大幅改善經營效率與機能。回顧歷史，生產力得以大幅提昇，都是因爲機器取代了勞力。

今天，機器人與其他生產技術仍然重要。一如十九世紀末蒸汽機取代人力，現在的資訊科技在商業與工業各層面造成影響，從取得原料到產品製造、存貨管理和流通、行銷，到價值鏈最終端的使用者，都因資訊科技而大幅提昇效率。同樣大受影響的還包括以數位爲基礎的服務業，例如研究與娛樂；以及以原子爲基礎的、製造實質物品的傳統產業。

三、創新

企業維持競爭優勢的最重要方法，仍然是快速推出新產品與服務。無論任何產品，迷你箱型車、衛星直播電視、咖啡專賣店、製藥、運動器材、不收取傭金的相互基金，「創新」兩字，就是利潤與市場領袖的代名詞。

紐約一家叫銀行家信託（The Banker's Trust）的銀行，是系統創新的好例子。該公司的公文流程本來是複雜得像九頭蛇的怪獸，讓許多部門的工作流程陷入困境。而問題以負責證券保管與所有權登記的國內保管部門最嚴重，簡直快被文件淹沒了。每天該部門有二十至三十件的詢問案件，而每件都得耗時處理，管理的人陷入其中，然後浪費許多時間製造一大堆文件。顧客即使是詢問最平常的問題，也要一星期以上才等到答覆。

在裝設以網路爲基礎的協作型軟體系統之後，顧客只要幾分鐘就可得到答覆，至少當天就有答覆。主管全球資產的副總裁波西拉（Roger Porcella）指出，把微縮膠片系統及書面形式的報告轉換成「案例檔案」軟體系統之後，該部門「不必再花幾千小時查檔案，也不必一天印五萬頁的報告」。

企業組織也得變

在驚人的短時間內，協作型軟體重新定義並重劃傳統企業的版圖。在這些快速演進的企業組織的每一個階層裡，人際關係刻正產生微妙的變化。

網路時代的最大成就，乃是把資料變成有用的資訊，而資訊更進一步變成有用的知識。在這過程中，資訊技術革命對於企業內部階層調整的影響程度，也在升高。許多企業的知識工作者發現，群組軟體提供的不只是電子郵件。

有了網路，通訊與使用電腦的經驗都變得更豐富也更深入，而且，更好玩。單調沈悶的工作，現在只要按鍵盤就可以了，以所節省的時間、精力與困擾來看，裝設這些系統的公司，其投資報酬率何止千百倍。在一個較隱微的層次上，延宕許久的組織轉變也可以靠科技來帶動。

使用電腦的第一階段，從辦公室後台轉移至辦公室前台；第二階段，從獨立的桌上型電腦轉變爲網路連線功能大增的個人電腦。最重要的是第三階段，進入以網路爲中心的時代，爲企業整合鋪好了路。

具有如此組織結構的企業（你也可以說，相對而言，這是沒有結構的組織），才能面對未來挑戰。

3

網路的觀點

臨界規模決定大局

網路已經取代晶片，成爲資訊產業的推動力。

但傳統經濟學家不認爲，新科技能陡然改變舊的資本主義規則。

不過大家必須承認，無論世界經濟是否成長，

網路帶來的經濟動力絕對是重大的；

即使傳統經濟模式說，電腦的效果無法在經濟學上衡量，

但從電腦出發的技術仍可能是經濟生存的關鍵。

網路出現之前的經濟模式，似乎該修訂了。

只要是對於電腦業歷史稍有了解的人，應該都很熟悉摩爾定律，這是英特爾公司創辦人之一的摩爾（Gordon Moore），在數位時代初期所提出的一項定律。他認爲，在每十八至二十四個月的時間裡，半導體的體積就會減半，因此新一代的電腦比上一代在處理能力上加倍，而產品週期縮短到一眨眼的工夫。就算不知道這一條定律的人，必也已從中得到利益。

很顯然，這定律到今天仍然成立，而且許多科技人員認爲，未來十年內也不會有多大改變。摩爾定律影響如此之大，使得資訊業的價值與效率進步神速，在人類科技史上蔚爲奇觀。有些人甚至不悅地指出，如果汽車業在價值與效率也有等量齊觀的進展，那麼我們今天所駕駛的汽車一輛只需五美元，而一加侖的汽油可以跑四十萬公里。

梅卡非定律

摩爾定律對於電腦使用的成長與擴張，當然有其影響。但網際網路時代來臨，有一項定律迅速取代了摩爾定律。這項定律比較少人知道，但影響可能更深遠而普遍。

這條定律叫梅卡非定律，名稱來自發明乙太網路的梅卡非（Bob Metcalfe），他也是網康公司的創辦人。梅卡非定律說，網路擴張的規模與費用呈正比，但其價值呈指數倍的成長。

這項定律的含意起碼與摩爾定律一樣深遠。根據梅卡非定律，當網路膨脹到無限大時，其功能與成本效益將大得驚人。也就是說，當網站、討論資料庫、線上服務、討論室等達到一定的規模與密度，也就是達到所謂的「臨界規模」之後，就會擁有自己的市場，而維持網路服務的成本可能降至零。事實上，在網路上成功經營網站，最重要的就是要達到一定的上網人數；有些新名詞，如網路入口（Internet portal），就表達出這概念。其實，某些網站已儼然是一個品牌，入口網站指的是這些網站所代表的價值。目前至少有十幾家網路公司符合這一定義，其中包括網景公司和亞馬遜網路書店。當網路的用戶從目前的一億戶增加到十億戶時，臨界規模的效應將成爲主宰網路的力量。而網路的力量，必是未來發展的主力。

網路時代的思維模式

網路新經濟已經取代矽晶片的舊經濟，成爲資訊產業的主要推動力——事實上，網路是資訊產業本身的動力。一個網路瀏覽器，便可象徵這網路經濟所發生的變化。凡是網路瀏覽器，不管哪家製造或品牌爲何，原始的設計就是爲了從網路「**向外**」朝整個世界看，而微軟Windows的設計，是從視窗「**向內**」往個人電腦裡面看。

而隨著網路瀏覽器逐漸成爲通用的介面與管道，這種朝外發展的驅勢便成爲網路時代的穩定根基。除此之外更重要的也許是，網路瀏覽器如果能有效運用，就可以不管電腦硬體的問題。

過去，各家廠牌的網路瀏覽器在品質與使用者的經驗上，並沒有明顯的差異。即使現在，兩大網路瀏覽器，網景的Navigator與微軟的IE，上網之後也無分軒輊。

進入網路時代之後，從語言的使用就可看出思維模式的變化。八〇年代後期討論資訊科技時，消費者或製造商說的多半是PC硬體、PC軟體、PC區域網路等等。今天，主要的用語都要冠上網際網路或網路等字眼，例如網際網路使用、網路伺服器、網站、網站設計、網路行銷、網路應用、網路商務。短短幾年，我們對資訊業的觀點發生大地震。資訊業被網路主宰，整個商業（其實是整個世界）不得不跟進。別無他途，因爲思維模式已轉變了。不過，即使是最了解網路的企業，也必須深思下列四個問題：

爲什麼這麼多的消費者與企業對網路有興趣？

網路將如何改變企業的溝通？

這些變化帶來什麼新的經濟動力？

什麼樣的新科技能促成這些變化？

從英特爾硬體到網路軟體

在個人電腦時代，英特爾領導著技術，他們的二八六、三八六、四八六及Pentium晶片的推出，每一次都是業界大事。我與前英特爾最高執行長葛洛夫（Andy Grove），以及他們許多高級主管都有來往，我可以告訴你，這家公司在資訊業的歷史上已有一席之地，而且現在還是執業界的牛耳。IBM也是一家不斷創新的公司，他們也和其他同業一樣，與英特爾保持一種複雜卻有成效的關係。

然而，新的網路時代來臨，就算英特爾晶片仍是硬體的主要零件，但他們將不再是最關鍵的技術。不僅新手來勢洶洶，如全國半導體公司（National Semiconductor）與超微公司（Advanced Micro Devices），挑戰英特爾在個人電腦微處理器市場上一向堅不可摧的地位，而個人電腦市場也快速向較下游的使用者靠攏，數位晶片產業的策略平衡已完全改變。

在個人電腦的時代，大家經常討論未來英特爾的晶片如何如何。現在呢，即使是比較細心的使用者，也不知道（或不在意）自己機器裡用的是哪一種微處理器。現在辦公室與媒體最熱門的話題，乃是關係到網路服務品質與功能的消費者頻寬（consumer bandwidth），不過這些討論都是從純企業的觀點出發。而對大多數企業使用者來說，他們關心的網路課題不是頻寬，卻是網路軟體的管理和可靠程度。

WORA與爪哇的世界

個人電腦革命已經在系統交互運作能力（interoperability）上大有進步，但技術不相容的問題仍令資訊業頭大。幸好網際網路在這一點上有重大改善。今天上網路漫遊的人，根本不管各個網站使用什麼伺服器，也不擔心別人的電子郵件是用什麼系統。這種通透性的系統交互運作能力，是網際網路與全球資訊網統一標準所帶來的寶貴資產，也將是帶動更複雜的電子商務與企業廣域網路的火力。

無論在何種硬體平台的環境下，軟體程式都可以運作——這種能力，一般稱為WORA（Write Once Run Anywhere）。但這個名詞的存在並不表示WORA的世界已成形。網路是普及了，也帶領資訊業朝正確的途徑發展，但還不算擁有可長可久的系統交互運作能力了。

例如，萬一網路軟體開始要求能進入大型主機的資料庫，以及其他更複雜的服務，這在許多重大領域就會浮現嚴重的不相容問題。因此，爪哇程式語言（Java）與CORBA最有可能做到在所有系統都能運作，甚至延伸到新的「智慧型」電視、電話、汽車和裝有晶片的家電。

我認爲，爪哇的出現像是資訊業軟體發展的文藝復興，你不得不稱讚昇陽公司。昇陽的董事長麥尼利（Scott McNealy），多年來經常與我吃飯，暢談業界現況。根據我們倆的討論，我覺得可以這樣說：有了爪哇，微軟比較不能在應用程式介面與視窗獨大，而爪哇是網路時代有關標準的討論中，最大也是最後的一項。

那，什麼是爪哇呢？爪哇本是一個古王國，位於今日的印尼；在俚語裡面，爪哇指的是一杯咖啡。此外，昇陽程式設計師高士陵（James Gosling）與同事在一九九一年創造的程式語言，也叫爪哇——但一開始是叫「橡木」（Oak）的，得名於高士陵辦公室窗外的一棵橡樹。後來，爲了生產一種消費者導向的住家控制系統組件，用以控管「智慧型房屋」，可以在早晨自動煮好咖啡，或操作家用錄影機，居然從中誕生了爪哇。這套住家控制系統從來沒有與世人見面，但隨著網際網路起飛，現在爪哇程式語言像墨西哥咖啡豆一樣活蹦亂跳。

從技術面來看，爪哇讓程式設計師可以寫出稱爲「物件」（objects）的應用程式。雖然物件導向的程式在七〇年代早期就已出現，不過爪哇是第一個「物件導向」的程式語言，使用一般叫做「小程式」（applet）的編碼來下載程式。

爪哇的產品有一大特色：用爪哇所寫的應用軟體或程式，可以在所有的平台或作業系統上使用，包括Windows、麥金塔或UNIX。能這樣，是因爲使用者電腦中有個「爪哇虛擬機器」（Java Virtual Machine），當它連上網路，就可以從網路或其他電腦抓取需要的軟體。這比過去使用電腦的方式更厲害，以前所有的電腦碼只在一枚晶片上。

爪哇是網路時代的程式語言，眞正可以跨層級使用，尤其適合把各種個人電子產品轉化成較複雜的通訊機器。用爪哇來操作的行動電話與呼叫器，可以把資訊網當做主網路，從網路上的某個應用程式取得處理功能。在所有用爪哇語言發展出的電子產品中，麥尼利最喜歡的是「爪哇戒指」（The Java Ring），這是一個很可愛的數位小產品，戒指裡植入了一枚晶片，儲存使用者個人的密碼，只要在連上網路的電腦前一揮，就可以進入銀行自動櫃員機、網頁、個人電子郵件，或存取其他機密檔案。

數位撥號音、電子商務與虛擬社群

一直到最近的電子產品，還只在必要時才能上網存取資源。但有了網際網路，再加上爪哇戒指之類的設備，就可以保持與網路連線，也隨時都有數位的撥號音，就像電話隨時拿起來就有待撥號的聲音。這看起來似乎很簡單也沒什麼，卻牽涉到許多關鍵技術，如「推播」（push）技術、協作型電腦和即時通訊。

很快的，我們就不必在不連網路時把連線關掉，就像你不用電腦時不必一直關機開機一樣；或甚至可這麼比喻，你不用電話時也不必把電話接頭拔下。

待數位撥號音成眞之後，以往力求透過自動化系統以改善內部效率的做法，將轉變成較注重外部。未來在銷售、行銷、服務、訂貨程序等方面，都將逐漸成爲與顧客、供應商等來往對象直接連線。目前的安全問題將會克服，電子商務會成爲網際網路的一大功能。

電子商務提供了嶄新的行銷、銷售、送貨、服務方式。企業用了網路，可以讓技術系統無論何時何地都可直接與所有顧客來往，完全不必面對面或用電話聯繫。例如，資訊業現在普遍都用網路下載軟體，而戴爾（Dell）與思科（Cisco）兩家公司就在網路上賣電腦。這種網路經營的形態蔓延至其他產業，書本、汽車、旅遊、投資理財的銷售模式都受到影響。

個人電腦時代的最大好處，在於電腦使企業內的個人和整組人員的能力大爲提昇。個人電腦的價格不高，卻能提供空前強大的工具與功能。未來當然也會朝此方向發展。然而，網路時代的主要貢獻，將是完全消除人際間的時空距離和組織障礙。當傳統的企業障礙消除之後，必會興起無數的虛擬社群：社群指的是企業組織內或外的人，因共同的興趣、目標、需求所組成的小團體。假以時日，商業、藝術、科學、政治、宗教及其他社會領域，都會出現虛擬社群，並且發揮其影響力。

綜合來說，頻寬、臨界規模、系統交互運作的能力、顧客直接連線、電子商務等等網路時代的發展重點，以及虛擬社群的發展，這些將會使資訊業不同於以往。以前，資訊業以微處理器、區域網路與個人或小組的生產力爲基礎，未來將截然不同。這些事項中，有些在單獨討論時是比其他更重要的，但要整體一起看。例如我前面提過的頻寬問題，從企業的觀點來看它根本無關緊要，但是和整體一起看時，頻寬在未來資訊業中就是一個重要議題。各部分合成整體時所形成的問題，比各個單獨部分的問題加起來還大。

新經濟學

今日，美國的經濟一片繁榮，加上資訊產業的思維模式改變，許多人因此推測，美國是否已進入一個新的經濟繁榮期，而舊規則與交易模式不再有效。企管顧問史華茲（Peter Schwartz）所創造的名詞「長景氣」（The Long Boom），已成大衆語彙。大家一致認爲，我們正進入一個經濟持續成長期，而全球經濟景氣也是空前的好。

熱中於網路的人，經常預言網路將改變一切，但傳統經濟學家不以爲然，不認爲有任何新科技能陡然改變舊的資本主義規則。我不打算也跳下來預測未來全球經濟走勢，不過我認爲大家必須承認，網際網路帶來相當難得的強大經濟動力，而無論世界經濟是否持續成長，網路帶來的經濟動力，對企業而言絕對是重大的。

爲什麼說網路出現之前的經濟模式似乎該修訂了，我舉個例子：假設有兩家競爭的公司，各有十名員工，現在有一項新科技，可以讓這兩家公司以相同的成本使產品強兩倍。古典經濟學家甚至新古典經濟學家，可能會說生產力沒有提昇，也沒有經濟成長。爲什麼？就因爲同樣是十個人力，成本也不變，生產相同的產品，所以找不出生產力在何處獲得提升。換句話說，古典經濟模式無法衡量這種技術進步在經濟上的影響。

但是我們暫時不考慮經濟模式，而從實際企業競爭的觀點來看。這兩家公司裡的任何一家若不採用最新技術，無異於在競爭力上自殺。這個例子說明一件簡單的事：**即使傳統經濟模式說，電腦的效果無法在經濟學上衡量**，但電腦仍可能是經濟生存的關鍵。正是這種觀點上的基本差異，使得科技人與經濟學家各說各話。

網路三大

網路爲三個重要的企業領域帶來驚人的進展。這三個領域是：臨界規模、大量訂做、大衆傳播。

臨界規模

軟體與網路是資訊網上的兩大技術動力，所以，它們的特性就成爲網路的經濟力量。左頁的圖是軟體與網路的經濟情況，圖中曲線表現網際網路的驚人動力。

軟體與資訊（任何可以用位元來表示的事物）有一個共同點：無論第一件的成本是一千元、一百萬元或十億元，第二件複製品的成本都可說是零。不管是 CD-ROM、錄音帶、磁碟片，或是從網際網路上下載的軟體，複製所花的成本幾乎是零，但複製品還是有用的商品。任何以位元爲基礎的產品，當數量接近無限大時，平均成本就趨近於零。

現在的任何產業,無論是以「原子」或「位元」爲基礎，數量都決定了成本。雖然許多實體產品都有其經濟規模，這規模卻很少以指數方式增加。

不過，網路的成本大致仍與量成正比。在網路上，增加一個人所需的成本，基本上並不因網路規模大小而有所增減。任何網路或網際網路就像電話與傳眞機，其價值隨使用者的數量而呈指數增加——梅卡非定律又出現了。由十戶人家所構成的電話系統，其價值是只有一戶有電話的十倍。網路的價值隨著數量而快速增加，軟體與資訊的平均成本則穩定下降（參下圖）。成本與價值的差距愈來愈大，意味著前所未有的大好商機。

我爲什麼說是前所未有？以電話來說，電

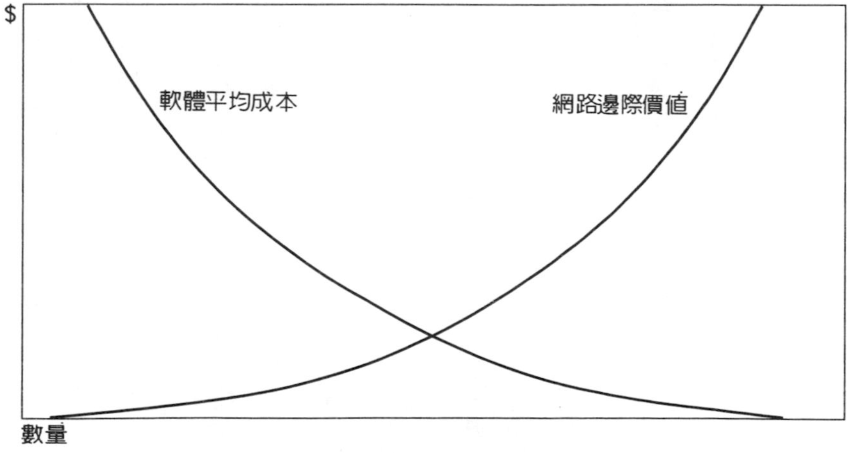

軟體與網路經濟學

話也是網路式經濟，但不是軟體經濟。換句話說，電話產業與其他以位元爲基礎的事業，在它們的經濟規模內可做到邊際成本是零，但因沒有達到臨界規模，所以無法善用它們市場的邊際價值——一直要等到全球資訊網出現。有了全球資訊網，網路經濟與軟體經濟結合，構成最優勢的力量：臨界規模。

我們可以進一步說，在前圖中兩條曲線的交會點，代表的就是任何網際網路科技所需要的臨界規模。產品或服務如果在這個點的右邊，表示投資報酬增加；若在交會點的左邊，顯然成本相對偏高，價值也相對較低。所以，網際網路的經濟規模可以產生無限的獲利。這也表示，企業的規模在牛頓觀點下的實質世界中有意義，因爲經濟規模愈大，價值愈增，成本也降低。但在網路世界中，企業的規模毫無意義。

愈來愈多的企業以網路爲主導，這些基本的經濟問題對於企業的方向與領域將有決定性的影響。所以，在網路競爭初期的主要努力目標，就是達成臨界規模。這在資訊業的銷售部分最明顯，所以許多公司致力於建立一個領先一大截的地位。這種在初期即領先的做法，慢慢會成爲網路商務的特點。

思考一個簡單事實：**建立網站之後，多服務一些人的邊際成本將會趨近於零**。這完全不像傳統的銷售、行銷或顧客服務。再重複一次：對於以網路爲基礎的企業而言，由於臨界規模的效應，將使強者更強。

大量訂做

以前（尤其是在運用資訊科技之前）的觀念總認爲，產品的數量與特別訂做是一種交換關係。顧客若要訂做特殊的規格或要求特殊的服務，通常得另外付錢，而且數目不小。標準化產品透過經銷管道銷售或直接出售，若要求額外服務就必須特別委託製作。大多數的製造業甚至服務業，都採這種模式。

但這種模式不再能成立。下圖的兩條曲線，看起來與第65頁的圖完全一樣。不過，本頁這個圖代表的是訂做與數量之間的關係變化。從資料庫技術開始，經由資訊網的加速，訂做與數量的關係，在有網路之前和之後是恰恰相反的。有了資料庫技術，許多產業的訂做成本就大幅下降，例如調整旅遊行程裡的機位、旅館、租車及其他安排，實際上不花什麼

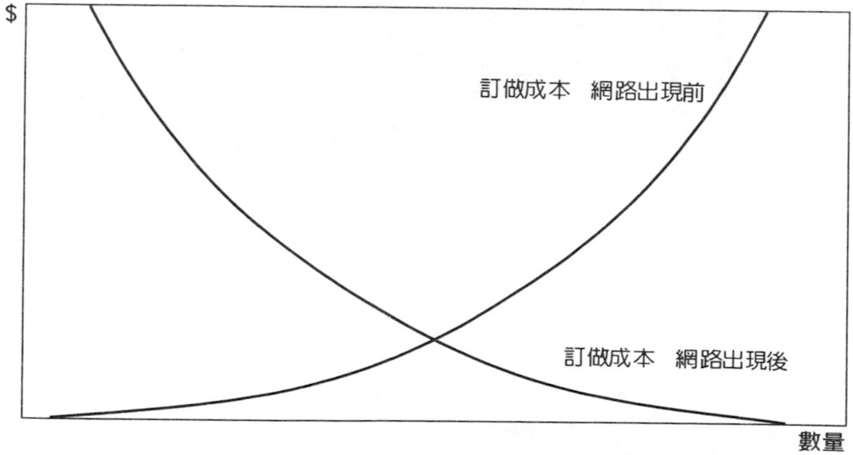

大量訂做經濟學

成本。

事實上，相對於傳統的業務模式，這種訂做產品是以資訊爲基礎的，而訂做的數量愈多，愈容易訂做，也愈有效率。而隨著產品數量增加，最開始的系統化工夫與成本支出會相對遞減。同樣的，**某產品若能免費提供訂做服務，則該產品的需求會隨之提昇**，因爲它更能滿足顧客需求。結果，個人訂做產品變成大衆化市場，所以稱爲「大量訂做」。讓我舉例說明。

生產牛仔褲的李維公司（Levi Strauss Co.），幾年前與「特製服裝技術公司」（Custom Clothing Technology）合作（最後李維買下這家公司），爲女性生產訂做服裝。李維的店員先爲顧客量身，用觸摸式螢幕輸入網路資料庫中，資料再轉給電腦輔助設計剪裁（CAD-cut）；電腦輔助設計剪裁依顧客身材剪裁牛仔布，再送到田納西州的工廠，在那兒洗磨並縫製完成。顧客只要比一般成品多付十五美元，兩星期內就可收到訂做的牛仔褲。

這種做法獨樹一幟，帶來可觀的利潤。不過這可以成爲標準模式。因爲透過網路買牛仔褲，只要顧客人數夠多，訂做的成本將遞減至零，顧客必須多付的十五美元就可以省了。

從臨界規模，我們看到兩種經濟特質的融合：最初的網路成本與產品複製的成本。而大量訂做也結合了兩個曾是互相牴觸的概念：降低成本與增加訂做產品，創造出新的業務模式。當然，大量訂做與所謂「一對一」行銷（one-to-one marketing）密不可分，但也和企業價值鏈的其他方面有關係。大量訂做是要做到把許多例行程序改成以軟體來處理，等到顧客人數夠多，便可去除例行程序。

大衆傳播

在電腦出現以前，資訊總是裝在某個實物裡。因此，資訊的量受限於實物的成本。本頁這張圖與第65、第67頁的兩張圖看來也很像，不過我希望以此圖說明，傳播的**深度**與**廣度**兩者間的關係。就像在大量訂做所看到的，各位也將看到，以往兩種互相牴觸的特質，在新的網路模式之下如何相融合。

大衆傳播第一波的典型例子之一，就是電視廣告。特別在有線電視未起，而三大無線電視網分立的時代，電視廣告總是又廣（對象）又淺（內容），而廣告信函是又窄（對象）又深（內容）。這情況到了有線電視興起之後的「窄播」（narrow casting），以及爲特殊興趣而發行的印刷品，如報紙、雜誌、行銷刊物、服務手冊或研究與參考報告，並沒有改變。

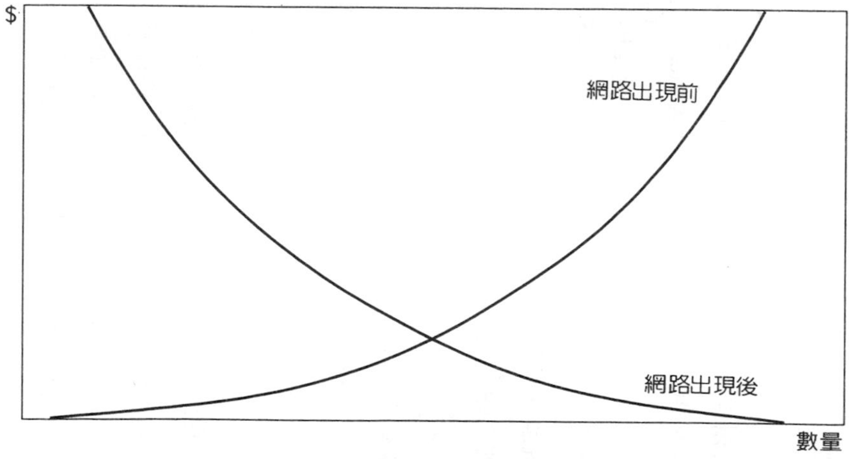

大衆傳播經濟學

但有了網路後，不管儲存或傳遞資訊，其邊際成本都是零。所以我們現在不必再考慮數量與深度成反比的問題。你瞧！有了網路我們可以兼而有之。

就像大量訂做的例子一樣，大衆傳播變得又廣又深之後，將出現一個良性循環：**提供的資訊愈有深度，使用者愈多**。當消費者也變成資訊製造者之後，這個良性循環會更加明顯也更有力。因爲網路環境可以結合所有人的力量，創造更美好的社區。

提供既有深度又有廣度的資訊，將在許多產業中改變權力平衡。資訊通常等於權力，所以，爲了限制資訊的流通，就衍生出重要的控制機制，這在企業之間和企業內部的資訊，以及企業與消費者關係上最常見。但我們愈是進入一個網路化的世界，大部分的人就可以獲得大多數的資訊，傳統的控制手法將明顯失效。

以高度機密性和高度競爭的證券分析爲例。過去在華爾街，許多一流的研究報告只提供給大客戶，而他們是付費取得資料的，而且他們與證券公司的關係全看這資料的內容品質如何，以及這份資料是否給很多人看過。事實上，投資理財的成敗，全看這份研究報告夠不夠強，是否能預見股市的未來走向，以及可看到資料的這少數人，能不能善用資訊。

今天有愈來愈多的人進入證券公司的網站，很快就可看到華爾街最好的股市分析，在網路上免費提供，或只酌收費用。在未來，可能沒有必要限制智慧財產的使用。就這一點來說，汽車、保險、醫療保健等產業最可能受影響。

能不能提供最深與最廣的資訊，這樣的能力將會重新定義資訊傳播的動力。資訊提供者

（在資訊時代，每家公司都將是某種形式的資訊提供者）不再需要多花錢在印刷與郵資上，反而可以全心全力提供顧客真正需要的所有資訊。

驅動技術的力量

所有在網際網路上新興的技術，都建立在已投下巨資來發展的系統、伺服器、軟體和網路等基礎上。以下列出這些新技術。

硬體	軟體		通訊
攝影機／感應器	身分識別系統	加密	有線電視數據機
DVD	軟體代理程式	分散式軟體編寫	DSL轉接器
行動設備	影視／音響	爪哇小程式	智慧電話
網路電腦	資料採集	物件技術	視訊會議
智慧卡	數位現金	推播系統	聲音／資料整合
智慧電視	數位簽名	即時訊息	無線資料
	索引服務	搜尋引擎	

硬體發展何去何從

在資訊業史上，現在是第一次不再由硬體的創新來主導整個產業的發展，而讓位給軟體與網路。當然硬體的創新還是重要，但隨著時間，硬體的創新將會愈來愈有限，而且可能限定在三個主要領域內：五百美元以內的可上網個人電腦與設備；資訊業與家用電器的整合；產品機動性。讓我們先來看看低價設備。

低價設備

爲達到全球十億人上網的目標，必須大幅降低終端使用者的價錢，尤其是降低中低價市場的消費者負擔。所謂的網路電腦、網路個人電腦、網路電視，或連線電視等等，都致力於把價格降到五百美元以下，當然理想是三百美元左右，而最終目標爲一百美元以下。低價的第二個努力方向，是讓網路更容易使用，並且減低終端使用上的複雜度。

網路頻寬改善之後，這些技術將變得可行。不過，傳統個人電腦仍將是主要平台，而且這情況至少維持五年。事實上，網路電腦與網路PC這一類的產品，與其說是商品，不如說是一種隱喻，象徵目前對低價、易用又普及的需求。

這三項需求必須透過今日個人電腦的改良來達成。這對資訊業的銷售而言很重要，但從消費者的觀點來看倒無所謂。長期而言，低價設備的意義在於促成網路用戶達到臨界規模。

技術融合

數位攝影和錄放影機、數位多功能磁碟（DVD）、網路電視、聲霸卡，這些都是資訊業與家用電器的融合。這種融合是未來的重要技術趨勢，不過其影響將只限於大衆消費產品。然而，從更長遠的觀點來看，把感應器、攝影機、通訊器材全面整合，使之成爲日常生活用品，顯然會改變許多傳統產品的市場。

未來，資訊處理的能力會擴及許多物品，從日常家電設備到汽車，甚至整個房子都連線。不過，我認爲至少三年後才會朝這方向前進，目前關心的主要還是個人的使用。

產品機動性

對於愈益增加的行動式員工與消費者而言，個人數位助理（PDA）、智慧電話、智慧卡等產品將會是他們重要的隨身配備。事實上，十年後我們回顧喧鬧的九○年代，想到大家帶著笨重的筆記型電腦，你可能會搖頭苦笑。這有如你今天在機場看到有人攜帶傳眞機一樣好笑。未來，全功能的手提設備將處理大部分的通訊需求。

如果需要用到全套電腦或鍵盤時，用智慧卡就可輕鬆連上總部系統，無論透過誰的電腦都行。換句話說，未來我們將共用電腦，一如今天大家可以借用別人電話。當然，這樣的發展有一個前提：網路伺服器在遠端儲存了有關使用者的重要資料，而無論使用者在何處，都能做到讓使用者是在他所熟悉的工作環境下——這當然是系統設備、支援和顧客方便程度上的一大進展。簡言之，硬體所追求的創新，應該要能促進臨界規模、普及性和機動性等方面的明顯進步。

網路連結

比較不明顯但我們很需要而且很重要的發展，包括更快速的桌上電腦、伺服器、網路轉接設備，這還得投入大量資金。站在銷售的觀點，看不到網路連結技術的晴朗未來，可能再也無法超越現在的高峰。幸好，從終端使用者的觀點來看，未來是晴空萬里，而且還算暢通。較廉價的頻寬將會大量增加，以迎合大衆需求。

終端使用者根本不在意技術上的辯論，例如路由器（連接數個區域網路的中繼裝置）與轉接器，又如十億位元的乙太網路對非同步傳輸模式（ATM, asynchronous transfer mode）等的互相較勁，以及所引發的爭論。

無論什麼技術當頭，企業都可以獲得先進多媒體、視訊會議、甚至3D設備的功能。傳輸的費用將繼續下降。在未來以網路爲基礎的企業環境中，要的是功能提昇，費用又大減。

根據樂觀的估計，**網路傳輸的量在未來幾年裡每年都將成長一倍**。這種呈指數成長的驚人結果，就是通訊業傳輸形態的改變（見下頁圖）。

有趣的是，這個曲線與本章前面所介紹的幾個圖形很相似。想一想，在八〇年代後期，百分之九十的通訊傳輸都是聲音，其餘才是資料與傳眞。今天，聲音與資料所佔比例大致相等。到二十世紀末，資料將佔百分之九十的通訊傳輸，聲音只有百分之十；聲音將成爲所有通訊的一小部分。如果你不是技術人員，可能想都想不到，甚至很難接受以下事實：電腦處理與傳輸資訊的速度，遠超過人類能力。

從聲音的傳輸轉變成資料的傳輸，其影響仍然很深遠。原本設計來傳送聲音的電話網路，現在被拿來傳輸資料，而資料傳輸與聲音傳送使用的是不同的技術，因此這種改變很困難。資料的傳輸是透過網路的獨立路徑，以數據包形式傳送，到目的地再組合；聲音則使用專用的點對點路徑。今日電信通訊的主要難題是，長久來看，應該要在一個專爲傳輸資料而設計的網路上傳送聲音，但目前情況完全相反。現在全球通訊市場十分紊亂，主因就在於

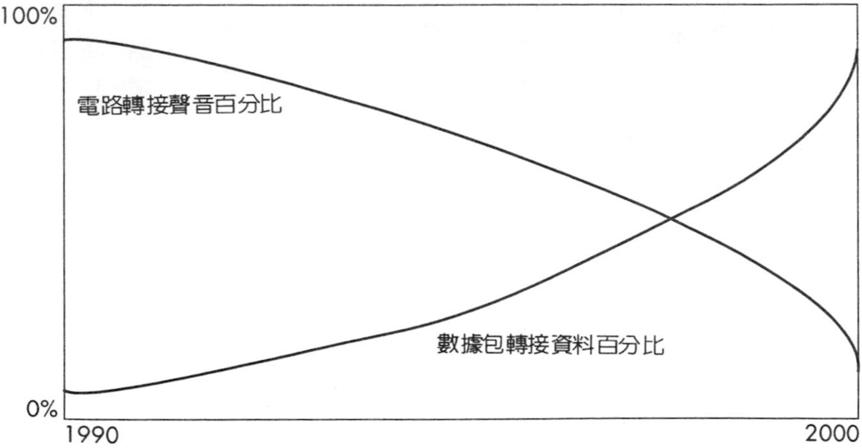

通訊業傳輸形態的改變，1990-2000

這一個革命性的網路技術問題。網際網路電話、網路／呼叫中心整合、視訊會議等強化能力，最有可能在企業內部網路先實施，再推廣至廣域網路上。事實上，這些比較私密的網路最棒的一點是，顧客可以遠離五光十色的公共網路，另行購買自己需要的傳送功能。

相對於企業的市場，未來給消費者使用的頻寬市場還很不確定。各國的差異可能很大。在三個頻寬競爭者中，其中兩個使用目前的電話系統：

1. **整體服務數位網路**（ＩＳＤＮ）是可靠的技術，但今日的高速數據機也不會差太多。

2. **數位用戶專線**（ＤＳＬ）容量較大，但有待考驗。

3. 不使用電話線的方法，便是使用**有線電視數據機**，這在已鋪設有線電視網的國家是可行的。

在這些技術上投資，的確是趕上潮流沒錯，但距離它們被廣泛使用至少還需好幾年。

除了ＩＳＤＮ、ＤＳＬ、有線電視數據機之外，還有別的選擇：

1. **硬接線**（hardwired）：電力公司一直在研究，如何利用家家戶戶都已裝設的線路。事實上，一個英國研究小組證實，可以用普通的電源線連接網際網路。

2. **無線方法**，包括把最受歡迎的網站透過衛星廣播，或利用行動電話的技術。

一九九七年，衛星與無線傳送的技術有超乎意外的進步，可能很快就可與硬接線競爭。但看今日的實際情況，並沒有明顯的無線傳輸的例子。

現在最熱門的競爭問題是，哪一種通訊技術能成爲主流？我認爲，這問題應考慮到，各地區與各國，甚至在同一國家之內，硬體與系統上無法避免的差異。

因此，到底消費者何時可享受到目前企業已在使用的頻寬，就很難預測了。由於頻寬是資訊業的主要能力，那麼這一個不確定，將成爲一大問題——所以，未來三年，主要還是企業對企業在使用。

軟體：最後的待開發領域

軟體是資訊業目前最活躍的領域——也許可以說是最重要的技術領域，因爲如本章的三張圖所示，只有軟體是所有網路經濟的驅動力。唯有軟體可以使邊際成本降至零，達成大量訂做，處理並管理大衆傳播，並推動整個資訊產業的轉型。

也許，最麻煩的軟體問題只是該採用哪種軟體。以往，顧客選用硬體通常都比選軟體來得快。但今天軟體採用的比例，將會帶動網路發展的許多重要演變。發展一套新軟體仍然是代價高昂又複雜的工作，不是所有的軟體都值得開發。畢竟，資源有限。

技術倚賴與合作

從較宏觀的角度來看，今日的高科技發展史有個有意思的大問題：資訊產業未來的發展，會走離傳統多遠。在資訊業，大家習於開闢新路，**如果忽然發現即將無路可走，那就必**

須設法與別人合作。

這一點在頻寬的問題上最明顯，因爲不管是要給企業或個人消費者，電腦界顯然不希望再架設一套新的全球通訊網，尤其不願在數量難以計數但很重要的區域網之間架設。而不管怎麼說，現實情形是：網際網路本身包括了資訊業所提供的伺服器、路由器、軟體，但是經由電信業的線路在運作。這些線路如何架設、提供、收費和更新，足以決定資訊業的未來。

電腦業既然要向消費者招手，顯然需就教於較傳統的娛樂業與資訊服務業。財力雄厚如英特爾或微軟，也不想假裝自己知道如何接近消費者。事實上，說到抓住消費者的心，發明Windows或Notes的人，絕對比不上主辦奧運或拍攝電影《侏儸紀公園》的人。

至於電腦業在內容方面的影響力還小得很。只有微軟有明顯的努力，但迄今的成績參差不齊。同樣的，如果想結合電視與有線電視，以新穎而便宜的設備去開發更廣大的消費者，這些產業必須更緊密合作。

在這方面，高解析度電視或有線電視選視服務早期的做法就不值得鼓勵。這些產業的領導人與今日資訊業高級主管的討論，並沒有結果，而且彼此極不信任，簡直毫無進展。結果，個人電腦與電視還是沒有辦法眞正結合——若不能結合，將是網路世界的障礙。

如果希望這宣揚已久的電子商務世界成眞，網際網路必須與各級政府密切合作。因爲網路現正陷入稅務、隱私權、執法、交易、智慧財產權，甚至色情與賭博的複雜課題中。這些問題在各城市、各州、各國的複雜程度不一。可是資訊業與政府以往的合作經驗不算太好；

資訊業喜歡先行動再解決問題，而政府當然謹愼得多。

最後一點，資訊業得以生存，是因爲使用者願意採用他們的新產品或服務。許多所謂的電子商務計劃需要顧客與供應商的高度合作。我敢保證，隨著愈來愈多的產品與服務在網路上傳送，會使業者的責任與電腦業的責任範圍變得十分模糊。在許多行業中，這個界線會完全消失。

大體上，今天的消費者面對各式各樣的科技與產品，相互競爭的電子產品推陳出新，難怪消費者覺得迷惑。有些我們連問題都還沒有發現，科技就已提供了五花八門的解決之道。惟有能夠贏得消費者信心，而且投資報酬讓人覺得值得的新技術，才會被採用。

總結來說，企業不能等競爭對手成功了以後，自己再去衡量技術投資的可行性。如果摩爾定律也適用於技術的投資報酬率，那就沒有任何一家企業可以在下一波變化中落後。

4

16定位

從內部整合到向外延伸

企業的組織管理與作業方式，
會隨著工具與科技的發展而有所演進。
在一個競爭激烈的時代，演進的速度如果比對手慢，
很可能就會失去生存優勢。
畢竟，企業的競爭一如物種競爭，優勝劣敗，
而凡能搶得先機者，存活的機會比較高。
在企業演進的四層次和四項資料處理方式的16定位中，
每一種代表不同進境，你的企業正處在哪個位置上？

以下用三個全方位市場導向的例子說明，企業如何善用網路的力量。

愛羅科技與虛擬工廠

一九九五年，總公司位於聖路易市的麥道公司（McDonnell-Douglas Corporation），約有五十名員工負責維護公司網路上所有共享的資訊。而麥道公司網路的資訊中，有一大部分只爲了支援一個複雜的報價程序。這道報價程序規定，凡是高度複雜的設計，必須把細部規格提供給有興趣的包商或零組件的供應商，讓他們可以根據規格來競標。

所有涉及這個複雜程序中的人，都必須到聖路易市麥道公司的總部來，盤桓幾天甚至幾星期，仔細查看設計圖與工程規格，才可能得到合約。

多年來辛苦維護這個複雜的作業程序之後，這群員工開始設法也讓少數供應商使用這個企業內部網路。試用幾次之後，一飛沖天，比公司製造的噴射機還快。後來這個小組成長快速，公司便設立一個獨立的子公司，名叫愛羅科技（Aerotech），以處理系統外的許多工作。今天，好幾千家的供應商參與這個由企業內部網路蛻變而成的廣域網路，它已結合了麥道公司的員工與供應商，以及美國國防部的專案經理。

你可以稱這種新的企業爲「虛擬工廠」。愛羅科技公司縮短了競標作業的時間，從而大幅降低附屬系統的成本，而成本是製造業最關鍵的問題。麥道公司甚至把所有零組件的電腦輔助設計規格傳送到愛羅科技的電腦裡，愛羅科技則確保資料的安全性，並且下載機器的數字編碼，而這些編碼是實際上生產與品管的依據。愛羅科技的網路，可以說是先行把麥道公司的精密武器，如Ｆ十八戰鬥機與長弓型直昇機等的組件製造出來。

克萊斯勒與ＳＣＯＲＥ

總部設於密西根州的克萊斯勒汽車公司，一九八九年發現，自己生產的汽車所用的零件當中，百分之七十是外面供應商製造的。當時克萊斯勒的狀況不佳，因此開始設法削減外包廠商零組件的成本。除了提高訂貨量，以便直接要求廠商降價之外，克萊斯勒這家跨國公司也做了一個策略性的決策，讓供應商也設法降低成本。

爲什麼克萊斯勒壓迫供應商降價，供應商都能自動降價供應？因爲克萊斯勒提供一套節省成本的方法，這套方法叫做ＳＣＯＲＥ（supplier cost reduction effort），預計到公元兩千年時，每年可節省克萊斯勒——現在叫做戴姆勒-克萊斯勒（Daimler-Chrysler）——二十億美元的採購費用。

然而，這概念還在紙上作業時，ＳＣＯＲＥ卻是行政作業的噩夢。供應商用傳眞方式提出他們的降低成本方案，公司再以人工將方案輸入資料庫，這資料庫只有克萊斯勒的人可以進入。書面的提案經常搞混，供應商無法追蹤提案，也無法根據顧客反應來更新資料。ＳＣＯＲＥ在開始的階段，因爲它自己的成功而變成受害者：ＳＣＯＲＥ愈來愈受歡迎，結果產生更多的文件，全是細節與資料。該怎麼解決呢？

一九九四年十二月，克萊斯勒找了一家位於密西根州南菲爾德市的「企業顧問群公司」(Enterprise Consulting Group) 協助，想辦法把文件減少到可以管理的數量。企業顧問群公司發展出網路版的SCORE，以協作型軟體為基礎，把供應商的降低成本方案，從提案、追蹤到核准的整個流程完全自動化。

結果？克萊斯勒改善了與供應商的關係，也節省了自己的時間與金錢。網路版的SCORE有兩個優點：增進價值鏈兩端的顧客關係，並且提昇效率。提案的處理時間平均減少了一半，從兩百天減到一百天；而提案的量也增加了一倍，從每年三千六百四十九件增加到八千兩百二十五件。

克萊斯勒的網路SCORE系統，是典型的價值鏈創新 (value chain innovation)。這個價值鏈的創新牽涉層面很廣，從產品製造到概念發展；它在重組工作方式時，把外部的合作人員也一併整合，並且重塑價值鏈上的重要顧客關係。

QCS與線上採購

QCS設於加州山景市，在尼斯與香港都有分公司，創辦人是凡赫西維克 (Marcel van Heesewijk)。凡赫西維克是亞洲許多零售產品線的供應商，以往都透過電話與書信進行交易。凡赫西維克對這種方式深感沮喪，所以才創設QCS。他曾經哀怨地說：「以上游作業而言，我們簡直是活在中古世紀，價值好幾百萬美元的貨櫃商品，就在信封背後寫下打算購買的數量。」他所說的上游作業，是指介於製造商與零售商間的過程，下游則指零售商與消費者間。

顯然，上游作業需要某種程度的創新與自動化。供應商與零售商間缺乏自動化，形成資訊流通上的阻礙，造成供應量太多，採購發生錯誤的機率也提高，而銷售利潤明顯減少。

創立QCS是爲了要協助零售商建立起一個電子網路，讓他們與全世界的供應商合作，讓零售商、供應商及其他服務供應商可以溝通並分享資訊，也簡化零售採購的程序。

建立一個網路容易，可是在這個數十億美元的生意背後還有一個問題：如何分辨一家公司直不值得信賴。QCS嚴格控制所有參與其網路的會員，同時挑選合格的供應商，然後讓供應商與提供服務的廠商也享有這個經過選擇的顧客群。

QCS也協助零售商解決另一個大問題：滯銷品的存貨盤存。QCS協助像英國的哈洛德百貨公司（Harrod's）這樣的零售業巨人，建立一套電腦群組軟體的產品目錄，列出所有商品的銷售資料。所以，QCS的顧客在全世界搬運滯銷品的費用顯著減少。

QCS不但達成目標，也照顧到了安全問題。QCS提供私密的討論會，會員可以在完全機密的環境下談生意，絕無洩密之虞。在這營業額數十億美元的行業裡，要求保密的程度可不下於國防工業，所以，能夠提供這樣的隱密環境，是一件很有價值的事。

愛羅科技、克萊斯勒的SCORE、以網路起家的QCS，三者有何共同之處？他們都是「全方位市場導向」的最佳範例，都從數位時代的第二波革命中學到教訓，進而重新調整自己，才能在第三波中競爭，而這第三波乃是以網際網路爲基礎。

IBM與蓮花合併

一九九五年六月，IBM的最高執行主管葛斯特納（Lou Gerstner）打電話給蓮花的最高執行長曼齊，提出三十二億美元的優厚條件，想併購蓮花公司。幾個小時後，這個消息震驚財經界。在蓮花公司位於麻州劍橋市查爾斯河畔的總部，消息如野火燎原般迅速傳開，資深的蓮花員工聽到後大表震驚與慌張。

畢竟，對於像蓮花這樣一家年輕，又算是自由作風的軟體公司而言，IBM所代表的一切都不是我們的方式，而我們也不想變成那樣子。IBM象徵既有權力、主流、官僚作風、層層上報——總歸一句，IBM是臃腫笨拙的。後來知道，一般人對IBM的壞印象不全是實情，不過當時大家都有此疑懼。

有些對蓮花死忠的人，就此打包辭職。但IBM在新任的最高執行長帶領之下，銳意改造，打算讓IBM變成一個更有彈性的精簡扁平的創業型公司——蓮花碰巧是這一類型的模範。當然，美國企業裡也有許多主管跟葛斯特納一樣，都明白「整合式企業」是未來的潮流。

葛斯特納後來說，在IBM的長期策略中，若要在美麗的電子商務世界中居領導地位，那麼蓮花公司就是IBM王冠上的主要裝飾。IBM與蓮花合併時的背景，正是網際網路與全球資訊網達到臨界規模的時候，虛擬與數位世界的基礎正要開始重組與調整。我承認，走在網路變化的路上，有時候我兩個膝蓋都在顫抖。

幸好，事情不像有些人預期的那樣糟，有理想有遠見的蓮花並沒有被吃掉。IBM的資深副總裁湯普生（John Thompson）第一次來到蓮花總部時，（學蓮花的人）穿著寬鬆的便褲與運動衫，而蓮花的代表穿著IBM的傳統服裝：藍色外套、斜紋領帶、土黃色長褲。公司文化的差異顯然被誇大了。

是有一些細微的差異，不過並不容易察覺。IBM不再規定非穿深色西服不可，而查爾斯河畔的蓮花以也不以牛仔褲與T恤爲制服。我們對於雙方在服裝上所傳達的訊息感到好笑，但這小小的動作象徵今後擺在雙方眼前的難題：兩家截然不同的公司與企業文化，今後要結成一個全球團隊，一同面對未來。

特別小組與小組房間

我們很快就成立一個特別小組，由雙方的資深代表共約三十名組成，在相當緊迫的時間內，讓這件合併案成爲一樁美好的結合。曼齊一向致力於使公司保持獨立，此番決定離職，這時，照理說，IBM會盡快空降一個自己人來管理這家新購併的公司。一般做法也是如此。但是，新的IBM決定不再採行舊做法。曼齊辭職後不到二十四小時，IBM就任命我，以及我在Notes部門的同事奇士曼（Mike Zisman），共同擔任公司總裁。IBM藉此向蓮花的其他員工保證，他們無意把蓮花改造成他們的模樣。不久，奇士曼的妻子過世，於是減少工作負擔，以便多陪小孩，而我就成了最高執行長。雖然他減少工作負擔，不過每星期仍然工作六十小時以上，而頭銜上也還是蓮花公司的策略執行副總裁，我在工作仍然要倚賴他，兩人經常心有靈犀。

根據特別小組幾位成員的建議，我們成立了一個數位式的「小組房間」。在剛剛合併後這段時間，這個小組房間的成功是很重要的指標，特別顯示出ＩＢＭ買下蓮花是為了加速改造，成為一個完全全方位市場導向企業。數位式的「小組房間」是一個十分安全的場所，許多人不必在同一房間內也能一起工作。這不是一個有形體的場所，而是個虛擬的空間，讓一群人在各自的辦公室裡——可能位在地球的另一端，也可能是在對街或走道的另一頭——用電子方式相互溝通。簡言之，小組房間是虛擬辦公室的終極形式。

數位式的小組房間必須有一套精密的協作式群組軟體，創造出以電子方式溝通的親近、直接又隱密的感覺。這套軟體，能讓電子傳遞的文件與電子郵件的訊息，安然從送件者送達指定的收件者。這個系統在網路內建立一個迷你網路，製造出一種彷彿這迷你網路裡的一群人共處，一同討論問題的感覺。

比起在實際空間裡一起工作，在數位空間工作有一個無形的好處，它可以避免某些蓮花的人在這關鍵時刻過於敏感。我們可不希望，一群ＩＢＭ的人像征服者似的踏入蓮花的辦公室。

同心協力增效

我們也不想在已夠紊亂的精密商業軟體市場上製造新的混亂。所以這個特別小組面對的第一個大問題，就是如何消除過剩或重複的產品與服務。關於這一點，我必須稱讚ＩＢＭ的特別小組——如果蓮花的產品在市場佔有率與品牌忠誠度上超過ＩＢＭ同類產品，ＩＢＭ小組便慷慨接納。

這並不是說ＩＢＭ就不如蓮花。其實，ＩＢＭ的某些關鍵技術零組件，如連續語音聽寫系統與ＨＴＴＰ伺服器，也許可以用來提昇蓮花協作式產品的競爭力——後來的事實證明，不是**也許**，而是**眞的**省下我們好幾個月的時間。

在合併之後，ＩＢＭ打算讓蓮花還是蓮花，卻同時又是一家新的ＩＢＭ。這從一件事情可以看出來。那時候，我與奇士曼飛到ＩＢＭ位於紐約州阿曼克市的總部，提出一個相當激進的企劃案，因爲微軟的 Exchange 軟體即將上市，勢必有一場大戰，我們打算設法維持現有市場，甚至大幅提高市場佔有率。Exchange 是衆人期待已久的「訊息交換」產品，開發時間很久，令我們偶爾會覺得很自滿，忘記這將是一個威脅。

我必須承認,有時候我們把 Exchange 視爲「吹牛軟體」（vaporware）。對於不知道這個名詞的讀者，我稍作解釋，所謂「吹牛軟體」，就是宣佈要上市但沒生產的軟體，這在競爭激烈的資訊業很常見。Exchange 預定上市之後，就不再是「吹牛軟體」了。我們建議ＩＢＭ的軟體部門主管葛斯特納與湯普生，採取先發制人的辦法，把 Notes 降價一半，以鞏固我們群組軟體的市場佔有率。

微軟最新的套裝產品，正強力搶攻試算表與文書處理的市場，這非同小可。我們討論一個小時之後，葛斯特納直視著我們說：「是你們在經營這家公司，所以你們說怎麼辦就怎麼辦。」有湯普生的支持，所以這個決策就在又迅速又果斷的情況下定案。

ＩＢＭ不僅立即批准我們的行銷計劃，對於這個高風險的決策也迅速安排妥當。這一切讓我及蓮花的員工深信，這是一個新的ＩＢＭ，一個大有改進的ＩＢＭ，有著不一樣的領導風格，管理上能充分授權。在參加這個重要會議之前，有人預測，任何一個牽涉如此廣泛的決策，ＩＢＭ可能要一個月以上的時間才能付諸行動。但是我們沒有等一個月，也不是幾個星期。葛斯特納與湯普生明白，這是一個新的商業環境，速度就是一切。

我們知道，光削價不足以抵擋浪潮。資訊業的下一波，就是群組軟體與網路的市場，我們又提出一個協調一致的行銷策略，以阻止微軟在未來掌控一切，這個提案獲得ＩＢＭ支持，大幅增加百分之四十的廣告與行銷費用。不僅刊登平面廣告，也在電視黃金時段播出一系列的廣告，包括超級杯時段，並且請一位麻州當地土生土長的諧星李利（Denis Leary）拍攝廣告片，還故意拍得比ＩＢＭ的所有廣告片粗糙。

ＩＢＭ與蓮花的結合如果還有什麼問題，很快也就煙消雲散。在搶占網路與群組軟體市場的同時，我們看見網際網路與其全球資訊網迅速普及全世界，這逼得資訊產業開始向外看，不是向內看。這是資訊業第一次必須用更寬廣的視野，超越傳統企業的藩籬，眞正去接觸顧客、供應商和夥伴，更強力經營事業。

通向資訊網

我認爲，資訊業在發展重心上做這樣的改變，是一種健全的發展——這句話可能是全世界最保守的陳述。大家也都知道，以數位方式整合顧客處理程序，比只是把公司自動化更有利。隨著網路普及，資訊業開始談論企業內部網路的概念，並把它列爲優先發展的事項。

乍聽你會覺得，這有什麼用處？企業內部網路不就只是個高速數位網路，把公司內的用戶連結起來而已嗎？現在這麼強調內部網路，不是自己打自己耳光，回到過去那個注重內部智慧財的時代，只不過現在用了新的資訊技術與管理資訊系統來維護資料庫？

可以說是，也可以說不是。的確，乍聽之下，這個新興的企業內部網路熱潮，說好聽是個矛盾，說難聽是對於全球資訊網的威脅所提出的防衛行動。畢竟，這一種向外部推展的做法充滿危險，更何況它不易管理，執行上更有許多困難。

也許，在某些圈子裡，的確會不管現今漸漸成爲必要的「全方位市場導向」作風，反而回到內部導向，但企業內部網路的功能，一定會大不同於以前的內部資訊流通。企業內部網路其實是帶領企業進入電子商務世界的橋樑，它可說是一個通向全球資訊網的網路。

必須要做到內部與外部的資訊眞正「交互運作」了，也就是說，這兩個相對立的系統完全相容了，大多數的組織才有辦法大規模地互相合作與交流。因此必須有統一的標準；若沒有這些標準，企業便難以邁入網路時代。

企業內部網路有一個偉大而重要的作用：企業內部網路所引爲基礎的網際網路標準，必會形成一個重大共同點，使全世界的企業可據以建立相容的資訊規格。所有以網路爲基礎的規格眞正能相通之後，企業間的資訊交流不管量與速度都可以大增。就像以前的電話與電子郵件一樣，只要使用方便，就會提昇資訊交流的量與品質，也可以提高投資報酬。總之，**今日你在內部就必須使用網際網路的標準，明天你才可以在外部使用**。

在舊式朝內看的企業與新的朝外看的企業之間，企業內部網路是一個中間階段，因爲內部與外部的資訊已經差不多是一樣的了。畢竟，諸如顧客紀錄、產品規格、價目表、存貨紀錄、交貨日期、訂單、帳單、應收帳款、服務需求等等，是要給內部看或給外部看，會有什麼差別嗎？當然，有些智慧財永遠只限內部使用。但許多必要的知識在組織內外都相當有用。

企業內部網路可以是整合組織的重要催化劑，讓組織迎接以資訊網爲基礎的時代。

茲以一種典型的廣域網路功能——電子資料交換（electronic data interchange）爲例，加以說明。傳統上，設立電子資料交換系統是費時費錢又複雜的事。電子商務的未來，則可望因網際網路和植基於資訊網的企業內部網路擁有共同的科技基礎，明日的廣域網路得以避免類似的問題。這些問題是因爲缺乏眞正相互運作的條件所造成的。目前全球資訊網大多是靜態的表現形式，一旦超越了這個階段，以後處理的將是先進的訊息系統、自動化流程、更複雜且互動性更高的商業形態，以及所有形式的即時交易程序。

凡是往前看的企業組織，爲了不與這些不斷成長的需求脫節，除了要讓所有的機動性員工擁有完整的後援之外，也必須擁有高度分散式撰寫網頁的能力，以及把文件自動轉譯成超文本標記語言（HTML）的能力。因此，組織必須盡快做到不必仰賴特別技術小組來建立網頁，也能讓每天的日常工作內容自動轉換成網頁內容。

從資料到資訊到知識

請先看看以下的定義：

- **資料**只是簡單的沒有限定範圍的事實。例如，某公司的會計部門有一筆資料，記載帳戶甲逾期未付五千元。
- **資訊**讓資料多包含若干內容。例如，帳戶甲逾期未付五千元，已十個月，負責收款人是法蘭克。
- 把資訊與相關的工作 know-how 連結，再據以做出決策，這時資訊就變成了**知識**。例如公司規定，「在將應收帳款提列爲壞帳之前，必須先提出催帳計劃。如果催帳不成，需由上級提出書面申請，方可提列壞帳」，或是「如果催帳的費用高出應收帳款，可以將這筆未收款提列爲壞帳」。

‧至於工作，就是把資料、資訊和知識綜合起來，付諸行動，例如請求將帳戶甲提列爲壞帳，並獲得批准。

這些定義，只是把第二章關於結構性資料與非結構性資料的討論再進一步發揮。我有一位同事說：「當你能做到把資料、資訊、知識結合，你通常能得到一項交易，也許是一筆買賣，也許是客戶資料更新，或者是一筆轉帳。」這類交易通常能產生更多資料，從資料又得到資訊、知識，而後又形成交易，如此循環。但請記住，最後的程序一定要是某種形式的工作，光資訊本身是沒有什麼價值的。

深入16定位

有這些定義爲背景之後，讓我們仔細看看左頁的表。將來，這些名詞可能就和今日的電子郵件、區域網路、資料庫一樣普遍。我敍述的是一般情景，當你閱讀時，請想像你們自己組織裡的活動與優先順序。還有，在這份表中，價值依次從表的左下往右上升高。

第一層：強化個人

現在幾乎所有企業都使用新工具來增進個人生產力，所以左頁表中的第一欄（強化個人的層次）應該很容易理解。對大多數的知識工作者而言，文字處理、試算表、圖形、電子郵

企業的 16 定位架構圖

4 企業向外延伸的層次	顧客交易與供應商交易	對外的行銷與溝通	顧客和供應商的生態	全方位市場導向體系
	線上業務以及其他交易	與外界支持者保持聯繫	與聯盟、市場及利益團體合作	在網路上進行最重要的企業活動
3 企業內部整合的層次	全企業資料系統與應用軟體	全企業的溝通	全企業的知識管理	企業作業程序的更新
	建立公司資料庫與應用軟體	鼓勵跨機能的溝通	善用智慧資本與最佳範例	重整企業經營
2 強化工作群組的層次	工作群組的資料系統與應用軟體	工作群組的溝通	工作群組的合作	工作群組作業程序更新
	建立各部門的資料庫與應用軟體	鼓勵跨機能的溝通	得以進行集體發現與決策	改善工作群組的執行與控制
1 強化個人的層次	資料的創造、存取與使用	資訊的存取與編寫	訓練、教育與專業	工作流程的整合
	得以收集、建立與存取資料	得以創造、存取與分送資訊	得以創造、存取與分送專業	確保個人工作與工作流程的整合
	A 資料 (結構性)	**B 資訊** (非結構性)	**C 知識** (結構性)	**D 工作** (非結構性)

件、連線資料庫、上網路的軟體，已經是基本的標準工作工具。而兩個新的領域分別是知識存取，以及最重要的，**工作流程整合**。在這兩方面提升能力，是爲了達成一個愈來愈難以企及的目標：建立整合的企業。

・**知識的存取**，包含大多數個人在工作所需要的知識，包括專業知識、處理程序、小技巧和其他線上支援等。

・**工作流程的整合**，包括使用最新的資料、資訊、知識工具，以創造最有效率與效能的工作程序。

例如，大多數員工使用例行工作系統（RBAs）來執行工作，並使用實際工作所需的特定工具或應用軟體。現在，工作流程整合的目標，在於讓整個企業都能使用同一套例行工作系統，並共用同樣這些工具和軟體，否則有些工具或軟體只存在於個別員工腦子或電腦裡或專用資料庫裡。在太多的組織裡，個別的工作還是以單獨的、應變的方式在進行。但在整合的企業中，將以集體協作的工作爲常態，而非特例。

第二層：強化工作群組

在前頁表的第二欄可看到兩個重要的新活動領域：工作群組合作與工作群組作業程序的更新。在工作群組合作這部分，有五大形式：

一、**形成小組的系統**　這通常是針對某一特別專案而建立的工作群組、計劃、行政、溝通。最好的例子是「戰情室」，或類似蓮花與IBM合併初期所採用的「小組房間」。所有相關的資訊或資源，在虛擬的「戰情室」或「小組房間」都可獲得，並可隨時取用。

雖然有些「小組房間」可能是常態性質的，不過實際上多半是在專案剛展開時設立，專案結束後就撤除，而且參與專案的人通常來自不同部門，甚至不同的公司。就算成員來自同一處，用「小組房間」形式也比使用會議室更有效率，因爲會議室必須一直在那裡，但空著的時間比較多，而且有時候不夠機密。而且，電子會議比較可以少受干擾，也比較不引人注意。至於安全與機密，數位化的小組房間可和美國戰略空軍司令部指揮中心一樣安全。

二、**電子討論系統**　提供結構較鬆散的電子論壇讓工作群組進行討論。沒有小組房間那麼正式，相當於一個線上聊天室。小組房間多半負責特定專案，群體討論則是一項長期性的溝通管道，而經常討論新的主題。先選定一個主題，然後開始討論，有時有會議主席，有時沒有。主要目標是促進溝通與意見交流，也可能會促進大家養成分享資訊的習慣。

難的是如何在焦點和彈性之間取得平衡。有人熱烈討論，內容也很有價值，有人卻是沒有主題也缺乏效率。此外，小組討論也像小組房間一樣，必須有足夠的人參與。

三、**部門參考系統**　在單一部門裡，儲存和取用工作檔案的系統。這些檔案也許是操作手冊、報告、企劃書、表格、案例研究、會計表單或背景資料，提供重要的紀錄與資訊，記載組織沿革。這對於訓練工作尤有重大價值。許多組織爲了要鼓勵大家多使用這種參考系統，就把某些檔案與資訊只放在電腦連線的資料庫裡。如果組織還使用書面資料的話，這個系統的價值便大打折扣。

四、**部門行事曆或日程表系統**　登錄並顯示行程。各公司使用情況不一。但員工的移動程度愈來愈高，通常就自己安排行程，不再依賴秘書。因此行事曆系統愈加重要；特別是對於人數多，員工又必須經常外出的組織。今天有許多組織的行事曆是透過電子郵件登錄的，比起人工或電話方式已有明顯進步。

五、**文件編寫系統**　可以自動編寫文件。過去幾年，許多公司讓專職員工來維護並更新內部用和給外面看的網頁。若運用現代文件寫作工具，每位員工都可直接運用網路準備好的範本，就算不知道任何HTML的知識或網路相關技術，也可以編寫文件。

以上所述的工作群組方法，在不同公司被採用的程度不一。事實上，採不採用工作群組電腦應用技術，與公司文化和領導人最有密切關係。工作群組是否採用先進的應用軟體，將是必要的基礎與重要的催化作用，有助於促進企業發展成更進步的體系、作業程序與文化。

2D：工作群組作業程序更新

這個項目要用一些簡單的例子來說明，每個例子都可看成是各產業的傳統公司裡的工作流程。企管顧問專家馬丁（James Martin），在他最近出版的《網路公司》（*Cybercorp*）一書中做了一個區分：產業價值鏈（industry value chain）描述的是整個產業組成的方式，而企業的價值流（value stream）則依個別企業組織因目標不同所採取的程序來探討各組織。例如，工作流程電腦化的目標很清楚，就是要把以前用人工操作而且通常是出於應變的活動，予以確認、定義與自動化。而價值流通常有交易、溝通和合作的功能，包括了傳統的銷售、行銷及顧客支援。請看以下例子：

一、**銷售力自動化系統** 可以重新設計銷售程序，把客戶管理、定價策略、促銷、企劃案及接單等工作合而為一。從建立一個新客戶到其後所有的過程，應該是一個整合過的自動化程序，而不必在不同部門或工作小組裡傳來傳去。

二、**顧客服務自動化系統** 可以重新設計顧客服務程序，這通常牽涉到售後服務中心的支援；這類的應用軟體通常需要公司其他資料與知識系統密切整合。例如，一個服務人員如果具備公司新產品的知識，也可能在服務顧客時增進銷售。

三、**內部作業系統** 可以重新設計跨部門工作程序，諸如資訊服務、人力資源、財務、法務等的整合。這些服務項目一點一點轉移到企業內部網路處理，所以可利用前頁所述的文件編寫功能，不必再使用傳統程序。費用支出的處理程序也不必再用以前低效率的方式。

第三層：企業內部整合

儘管今日已是以資訊網爲優先的時代，應該要往外看了，但大多數組織的內部系統還有許多事項待改善：訊息系統還得再提昇，舊的資料庫系統（多半是大型主機）也需要經常更新。更重要的是，全球資訊網帶來新的生活方式與需求，衝擊了向來穩定的辦公室後台與前台的系統，例如企業資料系統。

3A：企業資料系統與應用

企業資料系統一向是許多企業的骨幹。如何把舊的結構性程序與新的資訊與知識流通系統相結合，將是組織在未來幾年所面對的最大技術挑戰。在部門層次，有兩大類的基本活動：

一、**企業資料庫**　如果一個企業的連線交易系統不能有效運作，這家企業大概就無法作業。企業訊息系統必須達成高標準的表現，必須可靠、方便、好用——這也是二十年來，財務管理、存貨盤點、顧客紀錄等系統所達到的標準。

二、**企業應用軟體**　這一點沒有得到媒體的宣揚，不過從顧客的觀點來看，這一領域幾乎像資訊網本身一樣活躍。像德國思愛普公司、荷蘭博恩公司等，都已把先進的伺服器／用戶端——漸漸也包括網路技術——引入曾屬高度智慧財的領域。我稍後將更詳細說明，這些應用軟體如何在資料系統與財務、人力資源、製造等範疇的工作流程間搭起橋樑。

3B：全企業的溝通

公司電子郵件使訊息與資訊可以在全公司裡交換。這些系統從簡單的文字訊息開始，現已擴展爲各種形式、附件、媒體。今天，中大型的組織大多需要世界級的溝通系統，必須反應快速，而且方便使用，還要有管理工具，如目錄、遠端支援、安全防護、身分認證及加密。這一類的系統已經存在於許多公司，不過還有許多工作必須完成，尤其是在維護、管理與相互運作方面。

公司參考資料系統與跨功能行事曆，這和工作群組協作那一欄所描述的一樣。當資訊是由全企業上下提供時，投資在這些系統所得的價值與報酬就更值得了。

3C：全企業的知識管理

你可以說，企業知識管理是現代學習型組織的聖杯，我也這麼認爲。今日的組織當然不斷在創造、組合與分配各種形態的實用技巧，這些都涉及知識管理。

知識管理是要把資訊從個人經驗或功能「窖」中挖出來。「窖」（"silo"），是資訊業的用語，用來形容個人所擁有的資訊庫。這些個人所擁有的資訊必須提供出來，讓更多同仁取用，發揮其更大價值。知識管理系統也有助於把組織學習的程序系統化。以下介紹企業內知識管理的五大形態，接著介紹有多少系統必須與外界連結。

一、**作業方式社群系統** 讓負責類似工作的人，同享最棒的關於作業程序與規則的知識。在專門服務業裡，這已成爲很普遍的要求。因爲每一個人所負責的工作可能很類似，只是在不同的地點服務不同的客戶。分享專業經驗，可以提昇效率。

二、**以知識爲基礎的決策系統** 可以不斷選取相關的知識，自動傳送給相關員工。這樣的系統可包括制式化的公司規定與程序，乃至一份有關某專案成敗的深入分析。

三、**競爭力發展系統** 可以提昇公司的智慧資本，把核心業務的知識分送給個人與小組。比如工程師或其他技術人員看到了科學新知，可以與衆人分享。這個系統讓員工能自動獲得重要的必備知識。

四、**資料倉庫、資料超市、資料礦藏系統** 先利用先進的軟體篩選公司的資料庫，然後找出模式、發掘顧客特質並了解趨勢。如果銷售的產品或提供的服務屬於特別訂製的產品，這些系統就很重要。簡言之，這些系統直接從資料中淬取知識。

五、**知識構造系統** 可以辨識、分類並維護重要的企業知識。這一項有點抽象，但是對內部知識分享及上述的資料庫應用而言，把常用的名詞做明確的定義其實是很重要的。例如，顧客、銷售、營收等名詞到底是什麼意思？有些公司甚至有一套自己的字典，讓大家分享知識與資訊。

3D：企業作業程序更新

協調了各部門的工作程序後，通常可大幅減少週期時間，並消除互相矛盾的目標與動機，減少重複工作。通常這些系統包括交易、溝通及知識管理的功能。以下是常見的例子：

- **訂單管理系統** 可以大幅簡化顧客訂單的處理流程，並使帳目一致。
- **產品開發系統** 加速新產品從初步研究到商業化，到推出上市的開發時間。
- **採購系統** 縮短週期時間，並加強管制全公司的採購程序。

注意：利用資訊技術改變現有的系統與程序，可能是一項極艱難的任務，因爲這包含許多業務、文化、技術的難題。儘管以上所描述的系統可改善效率，可加快資訊回報的速度，日常工作也可以控制得更好，但還是有一個很大的風險：計劃中的目標可能無法完全達成，費用可能超出預算，而當組織太過注重內部的系統時，對於外面市場訊息的反應竟變得遲鈍。讓組織藉由成結構性軟體的程序來轉型，可不是件簡單的事情。

第四層：企業向外延伸

延伸型企業是目前的焦點所在，如同企業廣域網路與電子商務這些新名詞一般，現在已廣泛傳頌，咸認是電腦應用的下一個領域。我們將可看到，所有的產業與企業活動都會受到又廣又深的衝擊。

然而，儘管預期將會出現這些革命性的影響，也還得看這些新系統如何從現有的系統、服務與應用的個別環境中形成。除非外部與內部的活動能密切整合，否則電子商務可能只是鏡花水月。所以，一家企業的內部網路與廣域網路是其成功的關鍵（參見下表），但這兩者的整合工夫一點也不輕鬆。

4A：顧客與供應商交易

直接透過網路買賣，當然是電子商務不可少的功能。爲達此目標，公司的網站必須能有效處理網際網路上所進行的交易，但今天大多數的網站還做不到這點。總體而言，網路上的交易基本上有兩種型態：

一、**電子資料交換系統**　這種系統已經出現二十年了，通常是在兩家公司的電腦之間提

	A 資料	B 資訊	C 知識	D 工作
4 企業向外延伸的層次	顧客交易與供應商交易	對外的行銷與溝通	顧客和供應商的生態	全方位市場導向體系
		企業廣域網路		
3 企業內部整合的層次	全企業資料系統與應用軟體	全企業的溝通	全企業的知識管理	企業作業程序的更新
2 強化工作群組的層次	工作群組的資料系統與應用軟體	工作群組的溝通	工作群組的合作	工作群組作業程序的更新
		企業內部網路		
1 強化個人的層次	資料的創造、存取與使用	資訊的存取與編寫	訓練、教育與專業	工作流程的整合

企業內部網路與廣域網路的使用

供快速而正確的資訊交換，但經常牽涉到智慧財產權的問題，作法僵硬又昂貴。結果，這套系統大多用在定期有大筆資料交換的大型組織之間，小公司很少使用，消費者更用不上。

二、**互動式網路系統**　可以連線互動，通常是在公司的網站與顧客、供應商等等之間的互動。這套系統可以是專用的，必須有密碼才可以進入，也可以開放給公眾使用。新一代的互動式網路伺服器使得這類系統更可靠且普及，也更便宜。此外，許多企業必須把網路的互動與舊有的作業和顧客紀錄系統結合。只有新公司可以完全用現代的網路技術經營業務，不過這也是一大挑戰。

4B：對外的行銷與溝通

使用電子刊登的方式，可傳送文件給大家。這領域涵蓋百分之九十以上的網路活動，包含靜態的資訊刊登，用在介紹組織、產品、服務等等。儘管靜態的資訊刊登能以很少的費用在最短的時間接觸到許多人，但有時仍受輕視。

企業間電子郵件系統，可在企業的內部與外部交換訊息與附件。以往大多數的電子郵件只在組織內，現在是內部與外部幾乎一樣多。無疑的，以後對外溝通透過電子郵件將會和現在使用電話一樣普遍。就發展並維持顧客關係來說，這是一個很好的新工具，但大多數人都知道，如果沒有正確使用，電子郵件也很容易產生麻煩。幸好現在許多員工在內部電子郵件上經驗很豐富，知道如何用電子郵件對外聯絡。

推播技術系統可依據興趣範圍，把資訊主動提供給使用者，以此克服目前靜態系統的問題。但必須能有效預期顧客的需求，送出接收者眞正需要的資訊，否則就會惹人厭。在一九九六年底與九七年初，推播技術的功能被大肆宣傳，現在發現並沒有那麼神奇，不過它仍然是一項重要的新技術，也漸趨成熟。

推播技術與刊登系統，都漸漸需要把公共與私人通訊作一區分。有些資訊如產品介紹、媒體文宣、年度報告，顯然是讓愈多人知道愈好。但是，有些資訊如價目表、會計資料、研究報告，應該限定使用。這些限制使用的系統，需要安全、密碼、使用者確認及數位簽名等方面的技術。有愈來愈多的網站加設這些工具，以限制他人取用。

4C：生態系統發展

在此，「生態系統」這一名詞指的是夥伴、供應商、顧客所形成的網絡，而他們的成敗關係到你自己公司的成敗。典型的例子如下：

電子市場，可更緊密結合供應商與顧客，強化競爭力。例如本章一開始所提的QCS公司，提供安全的網路，讓服裝零售商與供應商形成更有效率的採購程序。

聯合作業，可促進組織的合作，增進競爭優勢。資訊業經常看到新的策略聯盟，而且關係瞬息萬變。在這個「合作競爭」(co-opetition) 的時代，必須妥善而明確地建立聯盟關係，不過也必須好聚好散。在網路時代以前，這是不可能實現的。

興趣社群，可讓興趣相同的人一起研究問題或作決策。例如，科學家想要尋找罕見疾病的醫療方法，若能分享別人的觀念與資訊，必有幫助。事實上，知識工作者如律師、保險業者、工程師、會計師，都需要與其他人互動，才能增進專業能力與知識。

互動式分散學習，可將電子圖書館與協作式技術的訓練推廣到個人與團體。對於需要快速讓顧客了解自己產品與服務的組織而言，網路特別有用。這些系統通常比印刷式的手冊便宜又更有效率，也比面對面教學費用低廉，還可以常態設置。

4D：全方位市場導向體系

全方位市場導向體系最簡單的定義：**一個完全透過網路連線來營造顧客市場經驗的系統**。如前表所示，工作流程與組織重整並非單單靠某一項技術，而是整合不同的服務技術，以電子方式實際執行業務。

典型的全方位市場導向體系，包含行銷、銷售、訂單處理和顧客支援的功能。請看以下例子：

顧客自助，直接讓消費者或顧客在線上滿足需求。這系統包括銷售、行銷或服務的功能，通常是三者皆備。亞馬遜網路書店與聯邦快遞是最知名的例子，所有形態的網路金融與旅遊服務也算。

顧客整合系統，讓企業將顧客緊密整合，以排除激烈的競爭。例如，蜆殼石油公司的電腦可監控顧客的石油存量，如果降到顧客設定的標準以下，就會自動要求補充。這樣做可以消除許多訂單與配送的文書作業，並可鎖定顧客——至少能讓他們覺得，更換配銷商變得很麻煩。

通路整合，讓企業與通路整合，創造出有效率的配銷程序並共享之。例如，有家汽車公司爲地區經銷商設立網路，讓他們可以個別下單，訂購特別配備的汽車。這類系統是一把雙面的利刃，也可能使得製造商最後變成完全不需要通路。不過，這類系統似乎比較算是重新定義了通路的價值。

供應鏈整合，讓企業可以管理供應商，並掌握效能。例如企業可以在網路上招標，明確規定所要求的標準，並知道供應商的滿意程度。這類系統不若消費者網路互動那樣有名，但過不了幾年，企業對企業的系統將是電子商務活動最大的領域。

從自來水公司學到一課

我以故事來結束這一章。這故事說明，在面向市場的網路世界中，經營企業的本質爲何。

蜆殼化學公司新設立一套供應商管理存貨系統，完全負責管理主顧客燃料的存貨。這個策略性的做法，是由蜆殼化學公司的行銷主管瓦倫汀（Ken Valentine）構想出來的。有一天他覺得，從行政管理的角度來看，蜆殼化學公司可以仿照自來水公司。

「你早上起床想洗個澡，」瓦倫汀回憶說：「不必打電話給自來水公司訂購三十加侖的清水。你從來不必看水表，自來水公司知道你用了多少水。」你也不必每次開水龍頭都要付一次錢，許多城市的自來水公司從顧客的銀行帳戶裡自動轉帳。

蜆殼化學公司利用供應商管理存貨系統，現在可讓供應商與顧客分享並提供重要資訊，也可以主動預估顧客的需求。更重要的是，對這家年營業額四十五億美元的化學商品製造商而言，可以更準確預估生產需求量。

5

全方位市場導向的企業

用 MFS 追求創新

網路拋出難題給企業：如何把網路整合入最基本的商務程序內。

若能發展出以網路技術爲基礎的全方位市場導向體系(MFS)，

便可以改變勞力密集的銷售與流通程序，

進而節省成本，提升效率，取得優勢。

而全世界競爭的故事都一樣：若不能領導市場，

就只好追隨別人，否則便被淘汰。

亞特蘭大網際網路銀行（Atlanta Internet）的顧客，不必趕著去銀行存款或提款，只要從任何一部個人電腦連上網路，就可以處理銀行裡的帳戶。每天不管日夜，只要透過家中或辦公室或公用電話，都可以付帳單、存款、轉帳，以及查看已經銷帳的支票。顧客每個月付的費用比進傳統銀行還低，因爲傳統銀行必須維持各家分行的辦公室費用，固定成本較高，所以必須多收取手續費用。

沒錯，今天幾乎所有銀行都積極佈設連線金融服務。在一九九八年，美國大約有四百五十萬人曾經利用網路上銀行，比起一九九五年的二十萬人，增加的速度實在驚人。不過，純網際網路的銀行，像亞特蘭大網際網路銀行，以及九六年成爲第一家股票上市網路銀行的安全第一網路銀行（Security First Network Bank），以及在休士頓開始營業的電腦銀行（CompuBank），在金融界還是極少數。

但虛擬銀行的數目正在激增：根據《華爾街日報》報導，美國在一九九七年有十幾家公司向美國通貨審計官詢問有關網路銀行的事項。連線股票交易網站如e.Schwab，以及旅遊網站如Travelocity，業務正欣欣向榮。上百萬的顧客喜歡從自己處理股票、帳戶與旅遊行程中獲得的互動與操控的感覺。當然，若沒有精心建造的網站，沒有透過專業旅遊經紀人、證券經紀人、銀行櫃員的指引，這些是不可能做到的。顧客與眞正的全方位市場導向體系互動，不僅新鮮，也有好處。

網路化的全方位市場導向體系

這個名聲響噹噹的東西，到底是什麼？很簡單，在前一章我把全方位市場導向體系定義爲「完全透過網路連線來營造顧客市場經驗的系統」。這兒再提出另外一個定義，「在全方位市場導向體系裡，電腦既決定也管理整體的企業環境」。

在今天，像這樣的環境完全由網路提供。但是，全方位市場導向體系的觀念，完全獨立於資訊科技之外。任何系統，只要以電腦作爲直接銷售、行銷、顧客服務或其他商業價值的源頭，都可以稱爲一個全方位市場導向體系。而由於全球資訊網與網際網路出現，愈來愈多公司覺得，必須用全方位市場導向體系來與顧客溝通。

一個叫旅者城市（Travelocity，網址 www.Travelocity.com）的網站，讓商務旅行人士可即時連接一個軍刀（Sabre）全球訂票系統。全世界有三萬三千家旅行社使用軍刀訂票系統來購買機票、預訂旅館房間和租車。旅者城市網站連上四百二十家航空公司，三萬九千家旅館及全世界五十家租車公司，供顧客選擇。旅者城市網站另有一個相關網站，叫做BTS，爲企業界客戶提供類似但更高級的服務。這兩個網站都屬於AMR，也就是美國航空公司（American Airlines）的控股母公司。

有些公司很快就建立起全方位市場導向體系，例如聯邦快遞在一九九四年十一月設立網路伺服器，讓大衆可以進入公司內部的包裹追蹤資料庫。聯邦快遞每天在全球處理兩百五十萬個包裹，不敢相信居然有這麼多顧客喜歡自己上網路追蹤自己的包裹，卻不願打電話到顧客服務處詢問。同時聯邦快遞又喜又驚地發現，這個互動網站每年可節省兩百萬美元的顧客服務費用。

今天，電腦已有能力直接處理企業的主要業務。這個發展影響所及，使得許多傳統的企業組織跟著轉型，成爲全方位市場導向企業。

最早也是最知名的全方位市場導向企業之一，就是已成爲全方位市場導向之象徵的亞馬遜網路書店（Amazon.com）。這家公司創造出全新的市場，逼得其他沒有連線的競爭對手，如全美最大連鎖書店邦恩諾貝書店（Barnes and Noble），不得不成立自己的網站 Barnesandnoble.com。今天，這兩個網站面臨其他全國性與地區性書店網站的競爭，一同爭取數百萬上網購書讀者的注意。邦恩諾貝書店對於亞馬遜網路書店所帶來的威脅迅速加以反應，也使它成爲全方位市場導向企業。

眞正的自助

最近，全方位市場導向企業可說是在所有產業中都快速發展，從汽車、個人電腦銷售到醫療保健與理財服務，速度快得讓即使對網路懷抱高度理想的人都喘不過氣來。

設於紐約的「網路日用品」（Netgrocer）公司總裁兼最高執行長尼桑（Daniel Nissan）表示，「大多數在網路上銷售日用品的公司，送貨系統都有問題，因爲他們眞的自己送貨。」其他競爭對手，如「豆莢」（Peapod）、「流線」（Streamline）、「商店連接」（Shoplink），都是自己送貨。「網路日用品」公司則將所有的送貨工作交給聯邦快遞，這樣可以節省運貨車的費用。其他競爭對手自己送貨，因此服務範圍只限於當地或有限的地區。另一方面，「網路日用品」公司透過聯邦快遞運送包裹，全美國各地來的訂單都可處理，全部由位於紐澤西州的北布倫斯威克市的倉庫發貨。

尼桑來自以色列的特拉維夫，還沒有創立這家網路雜貨公司之前，在語音科技公司（Vocaltech）當主管。現在這家網路雜貨公司每個月訂單成長百分之五十，尼桑相信自己已經找到網路日用品的經營模式，可以比競爭對手節省費用與固定成本。不過根據《紐約時報》對尼桑的報導，他的對手豆莢公司也要推出全國快遞郵寄服務。

網路日用品公司的價值鏈創新，以及豆莢公司的反擊，是許多產業在生產、配銷和運送上造成傳統作業方式崩潰的最好範例。爲了因應網路的衝擊，愈來愈多產業在做調整，價值鏈創新，已成爲今日完全企業整合的一種號召。

爲什麼說，在網路世界裡必須不斷創新與重建價值鏈？我們可以用一個網路時代之前的金融服務業當例子。自動櫃員機大幅減少銀行的作業成本，有一段時間，銀行競相設立自動櫃員機以爭取地區的競爭優勢。然而，一旦每一家銀行在每個大城市都普遍設有自動櫃員機，這就成爲銀行的必要設施，而不是獨有的競爭優勢。全方位市場導向體系最後也會達到相似的飽和狀態。從一九九六年起，在網際網路上提供基本的業務程序資料，已經是應該做的事情，而不是什麼創新之舉。

網路可以用迅捷又便宜的方式提供最新資料給特定讀者，而且是他們所需要的資料，然後又可正確評估反應，所以網路已成爲企業在發送資訊時最偏好的方式。**企業將逐漸變成完全依賴網路來了解自己的組織，消費者也變成藉網路來了解企業**。

所以，一家公司在自己網站上所展現的技巧、禮儀和作法，將會成爲它在外界的形象。這一點，會隨著網站互動程度更高，更與重要的商務過程有關聯而更重要。因爲到最後，顧客會花較多時間在企業的網站上，而不是花時間在企業的辦公室或員工身上。也許這時才眞的叫做顧客「自助式服務」。

全方位市場導向體系可以讓顧客與公司一起工作。幸好許多顧客相當喜歡這樣。隨著上網路的顧客人數增加，在網路上得到滿意服務的顧客人數也將呈指數成長——這是梅卡非定律，還記得吧？

聯邦快遞的包裹追蹤服務，就是顧客「自助式服務」的顯例。愈來愈多顧客喜歡直接連上企業的電腦系統，詢問一些平常的問題：我的帳戶現在還有多少錢？我訂購的東西什麼時候可以收到？我該如何轉換存款帳戶？

普遍實施網路化的全方位市場導向體系之後，公司每年可以直接處理數百萬（甚至上億）個顧客，而且服務品質前後一致，又可依照顧客的個別需求提供服務。到公元兩千年，針對顧客服務的應用軟體，將是網路最活躍的創新領域。

企業廣域網路與價值鏈創新

企業對企業的網路化系統，名氣遠不如網上消費者服務那樣大，但在未來幾年終將主宰電子商務。企業廣域網路可以顯著降低成本並提昇價值，受影響的範圍包括產品採購、存貨管理、合作設計、通路管理、顧客回饋及上市時機。事實上，企業廣域網路是在未來十年裡改善企業效率的一大原動力。

威名百貨的做法

最早利用電子資料交換系統來架設廣域網路，努力使價值鏈創新的公司之一，就是威名百貨（Wal-Mart）。威名百貨與企業夥伴寶鹼公司（Proctor and Gamble）建立了一套自動化補貨系統。威名百貨在自己商店的收銀機與寶鹼的電腦存貨系統之間連線，所以消費者在威名百貨購買寶鹼的產品時，這個系統就自動下單採購，也自動轉帳。這兩家公司的工作程序結合，大幅降低庫存量與運貨成本，同時寶鹼也提早收到貨款，這可是不容忽視的好處。

從威名百貨的價值鏈創新，我們可以引申做法。某些產品其實可以在網路上直接送達，像金融服務、保險、出版、軟體、娛樂、醫療保健、法律顧問、訓練、教育，以及許多政府的服務，都可以用數位形式傳輸。此外，像是個人電腦、汽車等等實體產品，透過全方位市場導向體系，也可以提升特殊訂製服務，提供更多的選擇與方便。

價值鏈改變

通訊的能力躍升了一級，而通訊的費用下降了一截，這兩者相加，勢必使得價值的創造與分配產生重大改變。這將直接衝擊各產業的組織及其基本價值鏈。以往，組織與組織之間的界線，出自於資訊交換的形態，以及生產與流通的經濟規模。一旦這些基礎都改變了，幾乎所有的產業都會改變。

不過，從前面幾段敍述到這裡，我所說的策略完全不是要你去建立一個又炫又酷的網站。我要指出的是，**網路拋出難題給企業，看他們如何把網路整合進入自己最基本的業務程序內，用網路來增加新價值**。未來十年，眞正的企業領導者，一定會適度讓所有員工知道企業的資訊財產與核心業務程序，也對顧客、供應商和行銷夥伴公開。

當然，並不是所有建立了廣域網路的企業就一定會成功。網路儘管新奇又有力，但並不保證長期能擁有競爭優勢，因爲其他企業也會調整業務，追求相同的機會。投資在資訊技術上，不再只是爲了提高員工生產力，而是爲了吸引顧客，滿足顧客與抓住顧客；換句話說，事關生死存亡。資訊技術不一定保證成功，但沒有資訊技術而想成功，就難如登天了。

企業發展三階段

企業發展的三個階段如左頁的表所示，從基本（白底）到中級（暗色），到最高級（淺灰）。

這個表從左下到右上表示企業演化的過程，從最基本的階段，電腦化的個人（左下方），到右上方的全方位市場導向體系。

基本階段

在八〇年代後期與九〇年代初期，幾種基本的系統——從資料的存取與運用系統，到工作群組資料系統，以至企業資料系統——讓某些企業在競爭優勢上領先。然而現在幾乎大大小小的組織，都擁有全公司的資料與訊息系統，工作群組與個人也都有資訊配備。網站首頁和網路相關的刊登環境也成為必要設施。然而，就像前面說過的，這些網站中有許多只提供靜態的超文

4 企業向外延伸的層次	顧客交易與供應商交易	對外的行銷與溝通	顧客和供應商的生態	全方位市場導向體系
3 企業內部整合的層次	全企業資料系統與應用軟體	全企業的溝通	全企業的知識管理	企業作業程序的更新
2 強化工作群組的層次	工作群組的資料系統與應用軟體	工作群組的溝通	工作群組的合作	工作群組作業程序更新
1 強化個人的層次	資料的創造、存取與使用	資訊的存取與編寫	訓練、教育與專業	工作流程的整合
	A 資料	**B 資訊**	**C 知識**	**D 工作**

企業發展的演化過程　□ 基本　■ 中間　■ 先進

本網頁，並不是眞正的互動。

中間階段

時至一九九八，不少公司具備相當高的技術能力，在更先進的工作群組、工作流程及組織重整活動上，甚至在某些企業作業程序的更新上，已經超越基本階段。人民軟體公司（PeopleSoft）、荷蘭的博恩公司（Baan）、甲骨文公司等，推出許多企業軟體的產品，使用也逐漸普及，證明網路競爭優勢已成爲主流。某些層次的企業內部網路使用，也都很普遍。

根據波士頓一家先進製造業調查公司（Advanced Manufacturing Research）的調查顯示，各種形式的供應鏈軟體，在九八年的市場規模可望達到二十四億美元，九六年還只是十六億美元。到二〇〇二年，這個市場將達一百二十億美元。許多公司已使用所謂的企業資源規劃程式，用以協調原料採購和行政管理之間的關係。某些企業更有遠見，爲了減少庫存成本並產銷特別訂製的產品，開始規劃彈性的定價程式，並折衝供應商與顧客之間有所衝突的需求。有位觀察家最近說：「企業資源規劃告訴生產者自己**擁有什麼**；供應鏈軟體告訴他們**可以做什麼**。」

此外，中大型組織已嘗試利用廣域網路、推播技術和協作技術等，來建立各種電子社群。雖然這些組織必須繼續加強內部網路的建立，卻已展現出在文化與管理上的改變，逐漸轉型成虛擬辦公室系統，在工作流程、團隊合作、訓練、教育上，也有效果出現。

先進階段

完全整合並善用資訊科技的進步企業，在以下三個領域追求競爭優勢：

一、**對外**，藉由我們說的全方位市場導向體系，用網路在供應面或需求面上引進重大的價值鏈創新。

二、**對內**，善用並管理在知識管理上所得的資產。

三、**創新**，透過大規模的程序創新，以及與顧客、供應商和其他夥伴的即時交易，不斷追求更高效率。

各產業裡都有先進的資訊科技使用者。全方位市場導向體系與知識管理技術，在所有產業裡愈來愈普遍。

贏得競爭優勢

如果你在同行中是第一個擁有全方位市場導向體系的公司，你有什麼優勢嗎？看看二十世紀電話的發展歷史，就可以找到答案。在還沒有電話的時代，商業活動大多是經由面對面交談，以及書面的文件與信件來進行。

電話普遍之後，不僅商務程序更有效率，通訊的本質也徹底改變。以前的人到鄰居家或親友家拜訪，可能得辛苦走上一段路，甚至跋涉千里。電話使通訊進入一個新時代，也建立標準的商務程序。

利用零星的時間，和員工、夥伴、供應商、顧客通個電話，又經濟又有效率，關係也更密切，即使很少見面，也可形成有力的合作關係。就算沒見過面，也可以談成生意。企業與顧客愈來愈關心，完成一件工作需要花多少時間。

我相信，全方位市場導向體系也會出現相同的模式；一如電話減少許多面對面的會晤，網際網路也會減少許多電話交談。許多詢問與訂購的動作在今天是以電話處理，以後將由網際網路代勞，而且費用更低廉。布茲艾倫與漢米頓顧問公司最近一項調查顯示，一般銀行處理一筆交易的成本是一美元，而在網路上處理只要一分錢美元。這份調查也發現，向旅行社訂購一張機票的處理成本是八美元，而在網路上只要一美元。

從這觀點來看，除了以新的方式處理既有的工作之外，並沒有什麼革命性的改變。顧客喜歡用這種方式與供應商互動，也可以照喜好來下訂單或查詢，以低廉的代價獲得即時又妥善的服務，而且他們的意見也納入公司所規劃的體系內。

這些聽來好像沒什麼，但在改善目前的溝通模式之前，能掌握全方位市場導向體系是很重要的。與顧客對話的內容將改變：對話如何開始，如何進行，如何讓顧客下定決心。從這種與顧客對話的改變，可以找到如何保持競爭優勢。現在我們會納悶，如果沒有電話怎麼做生意；以後全方位市場導向體系普遍了，我們也會懷疑，沒有這些系統怎麼辦呢！

與成本無關的價值

從前面例子可以看出，以技術為基礎的全方位市場導向體系，可以有效取代勞力密集的銷售與流通程序，進而節省成本。無論何時何地，只要能出現這種改變，市場就會跟著改變。不管你喜不喜歡，節省成本是改變今日顧客購買喜好的最重要因素。

最受影響與最不受影響的產業

要看一家企業網路化的程度如何，當然不是以節省成本的程度為唯一評估標準。網路有助於改善服務及其他價值，這一些改善顧客感受得到，但如何把這些價值融入企業的運作？探討之前，我們先從顧客的觀點來看，列出最受網路影響與最不受網路影響的產業：

最受影響的產業	最不受影響的產業
出版	食品
證券交易	家用耐久財
個人電腦	服飾
汽車	地域性服務
旅行	金融保險

如何理解這情況呢？我們當然可以說，凡是會因網路而大幅節省成本的產業，最受網路影響。但還有沒有其他的共同點？可能有。

六個C

所謂六個C是：一、選擇（Choice）；二、訂製（Customization）；三、一致（Consistency）；四、方便（Convenience）；五、社群（Community）；六、改變（Change）。

前面所列出的最受影響的產業，與這六個非關成本的特質很有關係，但不受影響的產業則幾乎與這六個特質無關。

選擇　前面列出的最受網路影響的五個產業，都能提供無限的選擇項給顧客。沒錯，印刷製成的書籍有幾百萬種，基金的選項也有幾萬種，汽車和個人電腦有幾千種組合，而旅行更是無限可能。由於量大到一種程度，所以沒有任何一個場地可以把這些產業所提供的全部選項都陳列出來。至於不受影響的產業，多半是只有若干選擇，大致上可以在傳統的零售通路中全都擺設出來。

訂製　最受影響的產業，是產品特別訂做的機會很高的產業。大多數人有自己的閱讀興趣，也可能有自己喜歡的理財組合。網路也可以讓個人電腦銷售商根據顧客的需求來配置顧客所需的軟硬體。連線的汽車銷售服務也可以做到這樣。許多旅遊行程的安排，顯然是因人而異的。相對的，食物、家用耐久財、服飾、金融服務，多半是標準規格化，很少特別訂製，即使有，也得付出較高代價。

一致　一致性是經常被人忽視的價值。不過，就相同版本的書本、同一種股票、同一機型的個人電腦或汽車或飛機座位來說，其實都沒有差異。相對的，食物、服飾、地域性服務等的差異較多。當產品的一致性高時，購買前就算沒有親眼檢查，也不必擔心品質的問題。前述的網路日用品店正因如此，所以能經營得不錯。

方便　網路可以提供消費者許多方便。每天二十四小時都可以買賣股票，這在股票買賣是很重要的新服務；網路書店隨時讓讀者瀏覽書評。個人電腦與汽車的網路報價與組合配備系統，讓顧客在沒有壓力的環境下，獲得最有用的資訊。這些方便，在不受影響的產業中也存在，但實際上不怎麼受歡迎。例如，在自動櫃員機提款已很普遍，但在網路上購買日用品還是覺得怪怪的；用電話訂購衣服往往不合身，反而造成退換的麻煩。理論上，任何行業的方便程度都可以提高，但在實際運作上還是很不同。

社群　這裡問的是：產品能不能讓人產生強烈的團體活動與親密感。有些書本、音樂、個人電腦、汽車、旅遊可以讓許多人有強烈的認同感。雖然食物、服飾及其他產品也可能讓人產生認同感，但層次顯然比較低。瓦斯爐與電冰箱能讓人產生多少共同的興趣呢？

改變 最後，改變的幅度也是網路世界一個很重要的因素。股價每一分鐘都在波動，書本絕版或沒有存貨，電腦軟硬體的技術不斷更新，連飛機票價也變動不斷。相對的，顧客對於食物的喜好一直很固定；流行服飾頂多一年變換一次。而過去十年來，電視機、音響、電冰箱有什麼不同？銀行帳戶與保單的基本功能有什麼不一樣嗎？網路可以一天二十四小時都在變化，但要不要變，因產業而異。

全方位市場導向體系的前途

全方位市場導向體系的出現，以及隨之出現的全方位市場導向企業，在未來幾年將會造成重大影響，試提出五點。

一、**資訊科技在經濟規模上的大變動**。在辦公室後台作業時期，技術是由專家管理，而且只服務少數的人，資訊技術的用戶人口不過數千，甚至更少。到了辦公室前台時期，資訊技術的目標市場是白領階級，人數幾千萬。至於到了全方位市場導向體系，目標市場是網路消費者，人口以億計算；十年後，上網人數更將到數十億人。難怪「達到經濟規模的能力」(scaleability) 一詞成爲資訊業的時髦字眼，用來形容有能力隨著網路的規模而成長的系統。

二、**企業改變的速度與技術改變的速度融合**。重要的企業系統已經以資訊技術爲基礎，因此，企業改變的速度與技術改變的速度，正在快速結合。換句話說，企業若想把自己的網站維持得很精緻，就必須全速跟上資訊業的脚步。有人認爲技術變化的脚步會變慢，但以今天資訊業的激烈競爭情形來看，似乎不太慢得下來，倒是可能在技術能力與實際使用能力之間，落差加大，變成潛在的競爭優勢。

三、**轉換成全方位市場導向體系**。你已經是（或即將是）全方位市場導向體系的一部分。對於大衆和大多數的顧客而言，你的網站將是你組織最重要的形象。將來，在許多產業裡，大多數人之所以會認識你的公司，不是因爲與你的公司有面對面的來往，而是因爲透過電子系統。網路不僅是你的公關工具，也是行銷、銷售、服務、社團活動的引擎，並且二十四小時不關門，永遠對全世界開放。

四、**最高執行長的責任**。許多組織花太多時間來決定誰該負責網站，到底是行銷、銷售人員，還是資訊技術與通訊人員。其實沒有哪一群人是最理想的人選，因爲幾乎所有重大的企業功能，在網路空間都會複製一套。所以，眞正負有責任的人是最高經理人，他應該比照實際運作的方式來照料公司的網站，注意每一個重要的訊息。只有透過最高管理階層的領導，才能維持一個客觀又平衡的策略。若缺乏最高執行長的領導，網站將會被不同功能的工作組群扭曲。

五、**網站的重要性**。一個先進又吸引人的高度互動網站，可以展現公司的科技能力，展現組織對大衆的關懷。今天，各家企業都有自己的競爭力分析，以後企業也將花許多時間，比較各家在全方位市場導向體系上的能力。這些系統將成爲重要的競爭角力場。

有進步，不過…

透過全方位市場導向體系，許多重要的企業機能將會有重大改變；許多企業也會成為全方位市場導向企業。不過，許多事只是可能改變，但不一定會改變；許多變化可能要十年以上的時間才會實現。用一個較長遠的角度來看，必須注意兩大主要趨勢之間的差異：**網路功能的演進速度；網路對經濟和社會的相關影響**。

先討論網路功能的演進：在短短幾年內，企業使用網站的方式已不只是簡單的網頁刊登，已演進為各種形式的顧客服務，最近更發展出健全的銷售交易系統。將使我們邁入下一階段的協作型軟體技術，現在就出現了。

我們在建立蓮花網站時，有一個演進的例子。蓮花網站目前的資料有十三萬頁，任何人透過網路都可以進入。五十多名來自全美各地蓮花公司的「作者」，個個具備編寫網頁的能力，在六位全職網路專家的協助下，共同維護這個網站。這項工作是先分別編寫，再協力合作完成的最好例子。我在督導建立蓮花網站時學到一些東西，所以當我談起面向市場企業的未來時，請務必相信我。

不過，在蓮花所發生的事可能只是例外，而非定律。我說過，觀念變的速度通常快過市場的變化，目前網路的多數功能還停留在第一階段，也就是靜態的刊登階段。因此，儘管網路的功能已有所演進，但對於社會與經濟層面的影響還很有限，不過倒是漸有改變。下圖表示，全方位市場導向體系在目前與未來在不同領域中的普及程度。讓我們簡單探討各領域中的現況。

企業對企業

前面提過，企業廣域網路的應用軟體將比其他市場區隔發展得更快。企業正在快速推動內部網路；這些開始在企業裡要使用內部網路的人，自己都有個人電腦或其他上網工具，而且通常可以用到高層次的寬頻通訊。因此企業比較具有全面轉型的潛力。儘管如此，某些產業所受的衝擊還是比其他產業深遠。

企業對消費者

雖然消費者對網路的使用繼續成長，卻必須等到消費者進一步提昇上網的工具與使用的層次，才有可能完全轉型。今天，全美只有百

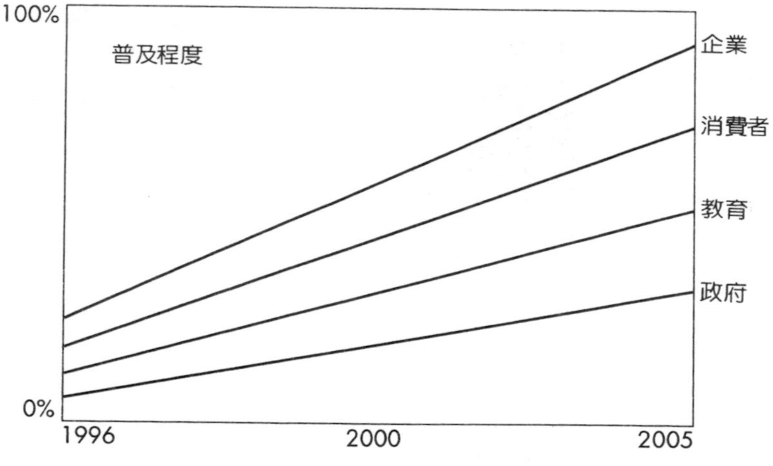

全方位市場導向體系的普及程度

分之四十的家庭擁有個人電腦，其中只有一半會上網際網路。即使是在美國，四、五年內也不可能達到全民上網。這便限制了某些發展，尤其是在美國之外的許多國家。

企業所服務的對象，包括了上網的顧客和不上網的顧客，因此難免有所重複而且複雜。事實上，網路技術有許多不實用的花招，因此許多公司在要建立新的業務模式時遇到難題。值得注意的是，新的公司可能不能一開始就專注在一種業務模式上，事關最後成敗，以及能不能擊敗財務基礎良好的企業競爭對手。邦恩諾貝書店迎頭趕上亞馬遜網路書店的網路能力，這是一回事；但對於一個百分之九十的業務及所有利潤都來自連鎖零售商店的企業而言，實際上去做又是另外一回事。

教育對消費者

最近有些教育措施廣受讚譽，如「網路日」（Net Day）活動與技術服務團（Tech Corps）。儘管如此，全世界高中以下的教育機構大多沒有連上網路，而且似乎沒有改善的跡象。這個議題有點超出本書的範圍，不過我認爲，在未來五年之內，創新幅度最大的領域將是高等教育，這包括成人教育，以及網路上提供的大學水準的課程。對大多數企業而言，如果可以在網路上獲得大學水準的訓練，他們會更有意願提昇知識管理與終身學習，成爲一個「學習型組織」。

政府對消費者

政府其實可以提供更多更好的服務，但政府機構一開始就有使用者上網不普遍的困擾，這在前面已經提過。除非民衆普遍上網，否則大多數政府不會提供新的服務，以免被人指責爲錦上添花，而不雪中送炭。儘管政府很注重靜態的網路刊登及簡單的電子形式，但民衆與政府之間想用電子郵件溝通，還是很難普及。對於網路早期使用者而言，企業提供了較好的服務，政府不免被批評爲做得不夠。在目前狀況下，這似乎很難克服。

情勢很明顯：全方位市場導向體系是確實可行的，而且可以使全方位市場導向企業取得大幅的競爭優勢。企業競爭的故事都一樣：成爲領導者，否則就追隨，再不然就被淘汰；只不過，一旦不是領導者，都必須付出慘痛的代價。

6
重視知識的7個理由

學習者將繼承未來

今日的經濟活動，乃是以服務與專業爲主的知識經濟，
若想動員新資源，就必須把知識加以管理。
而真正的知識管理，要做到把每個人腦袋裡的資訊取出，
使資訊成爲清楚又有用的知識，讓大家共用，並付諸行動。
凡能藉由知識管理系統而不斷學習的企業組織，
便能發揮知識的最大功能，帶來競爭優勢。

「在今天的經濟體系中，最重要的資源不再是勞工、資本或土地，而是知識。」

杜拉克（Peter Drucker）

「在劇變的時代，學習者將繼承未來。」

侯佛（Eric Hoffer）

美國佛蒙特州北菲爾德市的挪威其（Norwich）大學，是全美歷史最悠久的軍事學院。我從該校畢業之後，在美國海軍陸戰隊擔任軍官，接著在陸戰隊預備隊服務，後來才轉行從商。許多人不知道，在美國，每年有十萬人志願進入海軍陸戰隊服役，其中有些人每個月在預備隊服役三天，有些參加每年兩個星期的訓練。一般人認爲，預備役的任務就是保持戰技並爲緊急狀況預作準備。其實除此之外，預備隊也執行眞正的任務，例如軍事基地的維修及複雜的專業工作，如戰鬥飛行訓練，還有重大任務的行政管理工作。

在全美與全世界的許多陸戰隊基地，每隔幾天，人員就換新。志願役的人員進進出出，有人來報到，也有人除役回到民間工作。然而，他們在軍隊裡的工作不可能在幾天內完成。事實上，有些工作專案需要幾星期時間，所以是由不同的人接續完成。他們可能都沒見過面，但他們一定要能分享資訊。

我的好朋友，美國海軍陸戰隊預備隊司令威克生少將（Thomas Wilkerson）表示，一般預備役不會超過三年，以民間企業的標準來看，人員流動的速度是相當快的。後備人員報到，在接手其他人未完成的任務之前，必須先獲得前一任工作者交接的資訊。

回想起來，我到南卡羅來納州的海軍陸戰隊飛行中隊報到時，只拿到一大箱的紀錄，非常需要——用今天的話來說——來一番「知識管理」（Knowledge Management, KM）。我要用這些資料來接手進行中的工作並將它完成。接手別人的工作其實很麻煩，很高興今天的預備隊員不必面對同樣的麻煩。

威克生少將請蓮花公司協助建立一些協作型網路解決方案，以彌補知識交接上的空隙。今天的美國海軍陸戰隊預備隊在報到時，會收到威克生少將的電子郵件歡迎函，在網路上還有新工作夥伴的照片，以及你將接手的任務之背景與相關資料。每一個人都可以從檔案與索引中迅速消化知識，對於未曾謀面但即將一起工作的夥伴，也可從紀錄上了解。

現在，美國海內外海軍陸戰隊基地的主管與各級軍官及隊員，都可以獲悉其他人在崗位上的情況與工作進度。任何時候發生緊急事件，每一個人都可以比以前更快準備就緒。所有的海軍陸戰隊預備隊員，是一整個可以隨時把知識轉移給他人的團體，而且不必訴諸口頭語言。當預備隊員達成任務而值得表揚時，可以迅速廣為宣傳，長官認為應予表揚或頒發獎章，馬上可以給予鼓勵。

在運作良好的知識管理系統中，能培養良好的團隊感，而事件的背景交代得很清楚，和工作銜接得也很好。海軍陸戰隊是很特別的組織，成敗的影響當然很大。在軍隊中，無論現役或預備役人員，隨時備戰的能力是攸關生死的事。在海軍陸戰隊預備隊，團隊合作是獲取知識與專業技能的方式。海軍陸戰隊本就有光榮的歷史，現在則是全世界最現代化最先進的資訊技術組織。

所以，如果你認為美國海軍陸戰隊就是刺刀與彈藥，請改變觀念。在隨時備戰的狀態下，資訊科技成為他們最終極的武器。海軍陸戰隊曾經是講究服從與命令的階層組織，今天的海軍陸戰隊，是一支講究協力合作的組織。

關係的管理與知識的管理

美國大通銀行企業（The Chase Manhattan Corporation）為全美數一數二的大型金融機構，資產三千億美元，每季的淨收入將近十億美元。大通企業的中型市場銀行集團（Middle Market Banking Group），在年營收三百萬至五億美元這一客戶層裡是市場領導者，提供現金管理、國際貿易、租賃、財務、投資銀行、信用授權等服務。中型市場銀行集團有六百五十名「關係經理」，每位經理負責這「中型市場」中的三十到六十個客戶。所謂「關係」，指的可能是公司或擁有公司的個人。關係經理的主要工作是維持現有關係，並開發新的關係。

對於大通的關係經理而言，花時間陪客戶向來是他們列為最優先的工作。但在一九九三年那段時間，這些專業主管有三分之一的時間陷在辦公室裡，處理層次較低的行政事務，例如從舊系統中追蹤顧客的訊息，再製作成表格與試算表。集團裡的資深主管希望關係經理有更多時間陪客戶，他們覺得，需要一套關係管理的系統，好讓關係經理更了解自己與客戶的關係。

他們開始重整原本分治的系統，可是遇到一個麻煩：他們所有的資訊非常凌亂，根據產品與交易來分類，而非根據關係。因此，資深主管幾乎不可能正確評估某項關係的生產力與獲利率；他們無從知道，貸款給某客戶是不是會在某方面賺錢，卻在另一方面虧錢，當然就不知道整體而言，維持這一家客戶的關係是否有利。

大通的新關係管理系統，用一套規定與管理系統來處理複雜的關係網路。只要在個人電腦裡按一個圖像，就可進入銀行的資料庫，擷取客戶的最新資料。關係管理系統位於所有系統的最高層，而不是附屬系統。

有趣的是，許多資料以前都有書面資料，就在每個月所印發的厚達三十公分的報告中。但書面所提供的資料往往過時，而且使用很不方便。處理資料時，關係經理必須重新把資料輸入試算表中，否則從報告中很難評估。

今天，大通的關係經理只要從螢幕上瀏覽顧客檔案，再選擇所需的資料項目，系統就可找出可能出問題的地方。最重要的是，資深經理可以直接使用同一套系統，不必安排時間與關係經理開會，就可得到顧客的損益表、目前貸款金額等等。

關係管理系統是將純粹資料轉變爲資訊的好例子，資訊又可轉變成知識，再把知識妥善分送，成爲組織中人人可用的知識。這正是知識管理的最佳範例。我認爲，協力合作是知識管理的DNA。**真正的知識管理，是把存放在每個人腦袋裡的資訊取出，成為清楚又有用的知識，可以為大家共用，並可付諸行動。**

經驗告訴我們，在真正的知識管理中，人與文化的因素重過技術因素。《財星》雜誌的編輯史都華（Tom Stewart）有一句話深得我心，他說：「技術沒有人就無法生效；但是人沒有技術便無法升級。」

我認為，知識管理是協作型資訊技術演進的下一個重要階段：從群組軟體和以文件為中心的訊息應用軟體，進步到即時的非同步溝通；市場面向的企業若要生存和茁壯成長，就必須運用這種新溝通能力。

知識管理並不是換個術語而已，而是新知識技術的一系列重大突破，基本上可分成三個項目：**創造，發現與搜尋**，以及**傳送**。這三項基本技術，被融合在完整的知識管理系統裡，而無論是不是同步進行，都在分發、工作流程和複製上有所進步。

此外，知識管理不是天花亂墜的宣傳，也不是食品製造商的廣告競爭。全世界的企業界與政府的領導人都知道，知識管理的時代已經來臨。一九九七年十二月，亞洲正值十年來最大的經濟與貨幣危機，我會見了馬來西亞副總理安華，他的一番話我十分敬仰。

儘管局勢混沌不清，這位深具魅力的領導人把重點放在一件事上：如何建立以知識為基礎的經濟體，而不再仰賴棕櫚油與其他天然資源。當全世界在關心馬幣的漲跌時，他與我談論知識管理。即使在危機最高峰，安華也看到新一波的革命。

國家與企業的第一優先工作

在一九九七年九月的《哈佛商業評論》（*Harvard Business Review*）上，杜拉克發表一篇文章，以人口統計學上的理由說明，爲什麼知識管理成爲已開發國家的重要社會目標，而不只是企業的高級奢侈品。今天，大多數的先進經濟體都面臨出生率降低，人口逐漸減少的問題。杜拉克認爲，工作人口減少與老化之後，知識管理將是提昇生產力的關鍵。他指出，已開發國家的人口逐漸老化，在就業人口中，老年人一定會愈來愈比年輕人多，這將影響長期的經濟成長。在一個人口逐漸老化的環境裡，日益萎縮的社會必須設法提昇生產力，否則就會面臨貧乏。說得更明確一點，日益萎縮的社會必須做到依賴老年人來提昇生產力，以維持競爭優勢。

在今日快速變化的世界裡，若要讓日益減少而老化的就業人口維持競爭優勢，必須不斷給予學習與訓練。杜拉克的基本觀點：欲改善或甚至只是維持目前生活水準，知識管理都將是基本要件。我可沒有玩弄文字遊戲，我認爲知識管理不是抽象概念，也不是個奢侈品或縹緲的名詞。智慧財已成爲我們這時代的主要通貨。

過去的經濟，是以產品與規模爲企業競爭原動力的工業經濟，現在忽然轉移成以**服務**與**專業**爲主的知識經濟。現在，如果想要動員新的資源，就必須要有知識管理的整合系統，使組織不斷學習，讓企業的資訊與專業知識發揮最大功能。

今天，許多前瞻的公司已經進入了發展知識管理系統與策略的初期階段，因爲他們相信，這些系統將成爲未來競爭的關鍵。梅塔公司（Meta group）最近進行一項研究，該研究預測，到公元兩千年，全球所有公司每年將花五百億美元在管理內部知識資源上。最近在英國進行的一項調查也顯示，百分之六十的大企業宣稱，他們所擁有的獨特知識可以爲他們帶來競爭優勢。

許多企業的最高執行長與最高資訊主管都已體認到，未來十年之內，知識將是主宰。能夠善用知識，就可獲取驚人的利益。

必須採行知識管理的七大理由

爲什麼知識管理忽然變得很重要？這是個好問題。知識管理不是一直都很重要嗎？沒錯，可以這麼說。在電腦出現之前的亙古歷史中，人們認爲，知識的重要性凌駕於資料或未經處理的資訊之上。不管是專業知識、經驗、洞察力，甚至靈感，一向被視爲企業成功的重要因素。在農業社會與工業社會，知識的力量無與倫比。

當然，傳統觀念一向認爲，工作中的 Know-how 是企業與個人成功的關鍵。當然我們不能否認，知識與創新、創造力、判斷力、效率是分不開的。套一句老話，知識就是力量。所以，很多人喜歡把自己所擁有的知識留一手。

時至今日，我們說知識重要，意思並不是說知識的重要性比以前更高，我們要強調的是知識的範圍、形式、等級和知識發展的步調。在多數中大型的企業組織中，知識多到無法只憑個人心力來管理。前面引述過：「技術沒有人就無法生效；但人若沒有技術便無法升級。」這話的意思是說，今日，更結構性的、以技術能力爲主的知識管理系統，已竄升爲大型組織應付知識需求的唯一方式。

爲什麼變成這樣？我想，有七點理由。

一、**全球化**。在世界各地運作的組織，擁有一個相當重要的競爭優勢，那就是可以有效分享經驗與資源；由於時間、數量、距離的關係，若無現代科技之助是不可能做到的。簡單地說，全球企業通常比全國性企業大得多；而大規模的企業使用面對面溝通或電話溝通，甚至以電子郵件溝通都有困難。

二、**速度**。在全球化和法規鬆綁之後，再加上愈來愈依賴不斷進步的技術，企業的週期時間縮短，也就必須在更短的時間內擬定、更改或放棄計劃。欲達有效的企業運作，都必須能迅速取得所需的資訊與知識。觀察一家企業處理緊急狀況的方法，最能看出其內部資訊與溝通系統的效率，到底是猶豫不決，還是參考作業手冊，或憑經驗與直覺。

三、**服務導向**。大概所有的企業都變成顧客導向與服務導向，因此，個人與工作群組更需要取得最新的顧客資料，同時必須做到在工作中也保持訓練。即使是很複雜的問題，顧客也希望立即得到答覆。而若要做到立即回覆，所有的必要資訊與相關作業方法，就都必須可以讓員工在線上隨時存取，並內化爲行爲。

四、**工作人員分散**。員工的移動能力愈來愈高，分散於各地。根據最近的調查顯示，到公元兩千年，可能會有五千萬名以上的行動員工。以往面對面在公司內部分享知識的方式，將變得沒有效率。員工流動率高，因此更必須改善員工的訓練、教育與知識取得。終身僱用的觀念，舉世皆已改變。在四大會計顧問公司裡，任何時間都有百分之五十的員工在這一年內才剛報到，或是在這一年內打算離職。在這種情況下，通常需要一套系統把員工的知識加以保留，並再利用。

五、**更密切的企業關係**。公司與顧客和供應商，甚至與競爭對手的關係會更密切，因此會有更多的學習機會。太多公司到今天仍然認爲，知識管理是內部的活動，其實在企業外部，甚至不同產業，都有許多可學習的地方。廣義來看，全球資訊網也是學習新知的資源，每個組織都必須將之整合在日常學習過程中。

六、**技術**。先進訊息系統、群組軟體及全球資訊網等匯集在一起，提供了全公司知識管理的技術基礎。換句話說，精細準確的知識管理才剛剛開始，而企業內部網路的出現，正好提供一個平台。在一九九八年，蓮花公司增加遠距教學（distance learning）與同步工程能力（same-time capabilities）的產品，以求強化這個基礎。同步工程能力很重要，在知識管理中，從非同步轉到同步模式，與回應能力有密切關係，而知識管理業和回應能力大大有關。蓮花與微軟一九九八年在同步領域中增添許多產品。缺乏工具不再是不行動的藉口。

七、**競爭**。全方位市場導向體系，能讓組織以其智識資本爲力量，有系統提昇組織的競爭優勢。企業所知道的每一件事，以及企業能做的每一件事，都將植基於該企業對外的系統。然而，任何全方位市場導向體系如果保持靜態，很容易就被競爭對手模仿並趕上。想維持優勢，就要改進，因此組織必須不斷更新，並將專業技能變成每天的工作程序。有一位資訊業的主管說：「我們的目標，就是每天學習如何做得更好一點，更聰明一點。」

基於這些理由，組織必須認知到，知識是他們的主要經濟資源，而知識工作者是主要資產。員工必須在工作中學習，而組織必須支持這種學習，才能有所收穫。

傑克生行動

「知識」與「管理」這兩個名詞太常見了，所以我們都假設，大家對於「知識管理」的意義有同樣的理解。然而並非如此。如果你問十家公司，知識管理是什麼意思，你可能會得到十種不同的答案。

在第四章，我以會計上的呆帳舉例說明四種名詞。爲了解知識管理的意義，讓我們複習這四個名詞的定義：

資料，是未經證實的事實。資料加上一些相連的關係，就成爲**資訊**。資訊連結上相關的工作 Know-how 就成爲**知識**，可以作爲決策的依據或指標。至於**工作**，就是把資料、資訊、知識組合成行動。

換句話說，知識不只是把資訊以隨機或有計劃的方式做組合而已。**知識是一種讓人可以把資訊化為決策與行動的資源；知識必須是可以付諸行動的**。這話前面說過，現在再強調一次。

蓮花的幹部或員工，經常要求我對於懸而未決的管理問題多多提供資訊。我的標準反應是：獲得更多的資訊之後，我們的決策會不一樣嗎？答案往往是「不會」，可是，太多人經常這樣胡亂拼湊資訊，徒然浪費時間。

也許顯得重複，但我必須說，資訊是這樣子產生的：當學習者吸收了資訊，經由信仰、經驗、能力、判斷等的過濾，再加以解釋，變成有生產力的使用與行動，這就是知識。若以音樂來比喻，資訊就是樂譜，在有知識能力的音樂家手中，可以變成一首爵士樂的即興作品。我不喜歡爵士樂，但這比喻十分恰當。

明說的知識，無言的知識

把資訊與工作技巧結合，並將之轉化成可利用，這個過程連結了兩種知識：**明說的**（explicit）知識與**無言的**（tacit）知識。這兩個名詞，是日本的野中與竹內在他們的《創造知識的公司》（*The Knowledge Creating Company*）一書中提出的。所謂「無言的」知識，以工作Know-how的形式，存在於個人的習慣、風格、洞察力當中。換句話說，無言的知識看得出來，但通常沒有說出來。有人認為，無言的知識是關於「人」的知識，因為它通常存在於個人心中，以及經理階層與員工的人際網路中。相對的，所謂「明說的」知識，是透過報告、分析、手冊、指示、操作、電子郵件、軟體指令等等所表達出來的東西。**有效的知識管理系統，可以使明說的知識與無言的知識相互增益。**

例如，有位員工向一位新員工說明如何寫業務計畫，這就是把他的知識明白表達出來，並使之可利用。這項明說的知識，在新職員的行動與應用中轉化成無言的知識，在他實際寫業務計畫時獲得回饋，並內化成自己的知識，成為新的認知與行為。

知識必須與行動連結，這表示，知識的管理與協力是一個整合的過程。換句話說，知識管理的系統，必須支持這整個把個人知識（無言的）轉換成組織知識（明說的）的過程，並在全組織中推動這新獲得的明說的知識。每一位員工必須再把這項明說的知識內化成個人的無言的行為。為達此目的，本是儲存與處理明說知識的資訊管理，必須與涉及無言行動和學習的協力合作緊密結合。

知識的創造、應用與傳送

知識管理以群組軟體、訊息交換、資料庫技術為基礎。知識管理的系統，把結構性與非結構性的資訊和協力工作程序整合在一起。最終目的不只是找出資訊或發現資訊，而是提昇組織的活力、回應力與創造力。從下頁的圖可看出，這種提昇，包含了知識的創造、傳送與應用等三個方向。

一般資訊業的公司都先把重點擺在知識的傳送，也許因爲知識的傳送是整個程序中最倚賴技術的部分。若著重於傳送的部分，多半必須有精密的尋找與儲存的技術，而且能做到把正確的資訊傳給正確的人。例如，電子郵件、公司資料庫、企業內部網路或網站上的文件，可以加上標籤（tag），好讓員工易找並將之傳送到全公司。以今天的技術來說，傳送是比較簡單的。

在這三端中，創造與應用比較重要，也比較困難，因爲這不只是做到花俏的軟體技術而已。最近全錄研究室的研究員調查三十五家組織，評估這些組織的內部學習系統，結果發現：組織學習（知識的創造與應用的

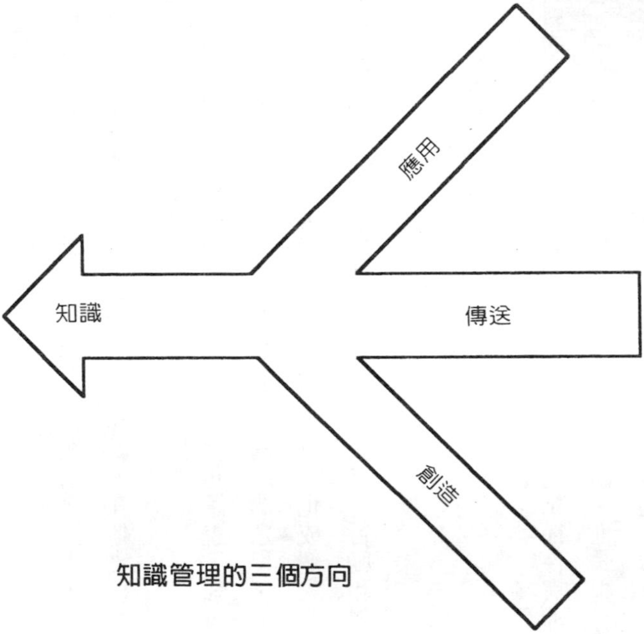

知識管理的三個方向

另一名詞）的性質竟是社交性的。在大多數組織中，主要以部門、專案工作組和各種工作團體爲基本的社交單位；在這些工作單位中，人與人互動，學習並模仿新的行爲，而工作群體不斷接受新的資訊、想法、產出、測試與評估。這是一個現代應用學習的循環過程，技術在這當中所扮演的角色，就是要讓這循環過程以即時、非同步與高效傳送的方式擴大。

知識管理的領域

以下是知識管理的五大領域，哪一項與你的組織最有關聯？

一、**分散式學習應用軟體**　這是用一系列的技術來傳送訓練與教育，對於日常工作的緊密整合有很好的效果。大多數的組織必須定期提供正規的學習經驗，讓員工的技能與知識跟上潮流。許多人爲了個人或專業發展，想要進一步學習；但是對公司而言，到教室上課不僅難以管理，後勤支援上也漸漸困難。

針對這點，若干公司、高等教育機構和訓練機構的因應措施，就是在公司裡設立虛擬的分散式學習系統。透過科技他們希望：

- 提昇訓練與教育的速度、彈性及範圍；
- 降低在教室上課的高昂成本；
- 透過更多的學員參與，來提昇講師的專業素質；

・將團隊學習制度化，提昇工作群組的績效與生產力。

這些應用系統可能很簡單，由上而下提供相關資料，以電子形式刊登；也可以很複雜，使用高度互動的連線課程軟體。簡言之，分散式學習系統提供明說的知識，再透過練習與經驗，變成無言的知識。

二、**專業社群的應用軟體**　讓負責同性質工作的人，可以掌握、分享並提昇集體智慧。這些人實際上並不需要在一起工作，參與這類社群的目的主要，是因爲可以各蒙其利。今天，這種系統在專業服務的領域中可見到，例如會計、顧問諮詢業、科學或工程及電腦服務業。不過，這類系統也可應用在銷售、顧客服務、維修、財務報告等領域。

如果你的公司裡，有一些人在不同地點工作或負責不同的專案，但他們發展出同樣的工作技巧，這時就可以採取這種應用。在企業間，這樣的社群系統日益普遍。簡言之，專業社群應用軟體通常能把無言的資訊明確化，再把這資訊傳送給相關的個人。

三、**資料倉庫／資料超市／資料發掘的應用軟體**　這些系統能從已有的資訊，例如顧客紀錄、資料庫或其他系統中衍生出知識。通常，這些資訊是透過交易程序取得的，重點在於如何用這些資訊發現趨勢，了解顧客特色並修定行銷策略。

現在的資料倉庫系統通常既複雜又昂貴，因此大多是大型銀行、零售業、旅行業與電信業在使用。的確，根據估計，大約不到百分之十的中大型組織利用這類系統。然而，隨著漸多的企業在網路上營業，就必須了解特定顧客的互動情形，這將是重大的發現。資料倉庫系統其實和資訊創造有關：如何從既有的資訊中發掘知識。

四、**專家系統／例行工作應用軟體**　這些系統的目的，是把明確的公司知識變成實際的業務程序。專家系統通常是一套先進的軟體，功能很多，例如協助客服人員在複雜的機票費率系統中尋找資料，或在網路上爲顧客解決問題。

至於例行工作應用軟體，在比較普通的層面上，可能就像電話促銷系統一樣簡單，讓顧客可以自動進入例行的詢問。事實上，有初步的證據顯示，比較簡易的例行工作系統裝設容易，而且具備專家系統的價值。專家系統服務的對象是醫師、律師、稅務顧問或科學家等，把明說的知識轉成電腦軟體程式。

五、**外部資訊整合**　過去，知識管理的領域主要著眼於內部知識資源的運用。然而現在，企業在學習的過程中必須善加利用全球資訊網。未來，外部知識的價值可能等於甚至高過內部知識，特別是因爲企業廣域網路與其他技術將提昇企業內的協力合作。

藉網路來整合知識，會產生新的課題，例如認知、品管、傳送和程序整合。爲了因應這些問題，有些公司僱用專人來尋找、匯集或編輯知識，以確保不會漏失重要的知識——事實上，這部分的工作已成爲傳統的市調人員、圖書館員、競爭力分析師等人的新任務。我們可以說，網路使得這些資訊仲介人愈來愈重要，但也有人認爲，在數位時代這些人可能沒有存在的必要。

實施知識管理的六大困難

以上所描述的應用系統，很容易讓人以爲，發展先進的知識管理系統根本不必用大腦，哪家公司會不採用呢？可是，實際情形裡，知識管理對於許多公司而言是大有困難的。事實上，布施艾倫公司最近的調查顯示，有三分之一的知識管理計劃基本上是失敗的。前述的知識管理活動中，你的組織實際上涉及多少呢？成功嗎？

想做到成功的知識管理很難——這話不是第一次聽到。多年來，知識管理有許多不同的名稱，如主管資訊系統、決策支援系統、資訊倉庫等等。然而，不管名稱爲何，這類的系統通常都沒有發揮其應有的效果。

造成知識管理在實施上變得很困難的，是下列六大原因。如果你正在計劃實施新的知識管理，務必仔細思考下列問題：

一、**公司規模**。組織的大小與人員的分布，會使非正式的人際交流有困難。雖然說，就是因爲這樣才更需要知識管理系統，可是管理上的問題仍然存在。如果你的組織有一千位銷售人員，分布在全世界，而且工作經驗的程度不一，這時要設計一套迎合所有人需求的知識管理系統，將是件難事。

二、**資訊的量**。無論是以印刷或電子形式呈現，資訊的量都是一大困擾。如果一個系統裡塞滿不相干的資料，員工才懶得去礦裡挖金呢。而所謂的「推播」（push）系統只會讓問題更糟——除非資訊充足且正確。有些公司設有主持人、編輯或過濾人員，以解決這問題。但是，這些資訊中間人必須對於誰需要什麼資訊十分敏銳。蓮花公司的案例研究顯示，使用者對於特別討論組群是否需要設置主持人，意見不一。

三、**缺乏誘因**。如果說知識即力量，那麼是什麼動機讓人願意與別人分享知識？對於如何提供足夠誘因，讓員工願意為知識管理系統盡一份心力，許多公司可是傷透腦筋！這些公司知道，故意留一手或在必要時才拿出來，本屬人之常情。恰當的獎勵與處罰有時能奏效，但最重要的是領導階層是否眞正有決心要改變企業文化。經驗顯示，只要能讓員工明白知識管理的好處，企業文化就會改變——不過，這是先有雞或先有蛋的問題。

四、**缺乏衡量的標準，以短期為限**。知識管理系統在軟體、發展和管理上，確實要花錢。但如何評估花了錢有沒有得到好處？整個組織有沒有明確的目標，鼓勵大家分享與再利用知識？此外，許多組織儘管知道，成功的知識管理系統必須假以時日才能顯現價值，但免不了喜歡以短期眼光來評估資訊技術的投資效益。

五、**缺乏技術與經驗**。很少人會把想法與知識寫成文件形式。事實上，要求員工把自己認了解的事寫下來，許多人會不自在，往往覺得不知如何下筆，也感到無聊。此外，要某些人寫正經八百的文章，往往令他深感痛苦，也浪費時間。總之，把個人知識輸入系統內，通常是件痛苦的事。而這是知識管理三因素中的「創造」，如果你無法創造與掌握知識，就別談發現與傳送知識。

六、**知識很快就過時**。企業的改變步伐極快，這使得某些形式的知識很快就過時。爲了保持資訊的實用性，知識資料庫必須更新與檢討——可是通常不知該由誰負責這件事。如果一個知識庫看起來過時了，使用程度與價值必會快速下降。

以上六大障礙中的任何一項都令人望之怯步。不過，想對付這些障礙，只要堅守下列基本原則：

- 把知識管理與重大的策略性發展明確結合；換言之，讓知識管理程序有一個明確的重點與目標。
- 結合精密的群組軟體與訊息技術。從一九九六年初開始，這類技術才算眞正可行。
- 找出在行爲、文化和組織上可能影響知識管理的課題，好的部分加以發揚光大，壞的則設法解決。
- 高階主管必須展示決心，負起責任。

許多研究顯示，對於學習程序而言，這些文化上、社會上及領導上的問題，比任何技術上的問題更加重要。

給最需要的人

本書到目前爲止所討論的最重要訊息是：一如八〇年代末與九〇年代初期，電子郵件、語音信箱、區域網路、關係資料庫及伺服器／用戶端成爲企業競爭中決定性的角色，今後，全方位市場導向體系與知識管理的系統，也將促成新的組織形式：全方位市場導向企業。

今天的組織，特色在於不斷改變，而且通常是劇變。因此，凡事都變得難以預測。任何組織能否提供最新與最適當的資訊給最需要的人，以創造出一個支援創新與行動的環境，將決定它願不願意改變，又有沒有面對變化的能力。如果說，**現在的環境是一個全球的、分散的、非同步的環境，那麼，知識管理配合協作型技術，將是最直接因應改變的方法**。

侯佛說得沒錯，在劇變的時代，學習者將繼承未來。相信我，我們生活在一個劇變的時代。到了未來虛擬辦公室的時代，所有組織成功的關鍵在於知識管理系統，以及支援這系統的協作型電腦技術。

7
產業轉型是如何發生的

七大轉型領域與四個融合例子

網路的出現，使得許多產業快速轉變，
有的產業去除了若干傳統價值鍊上的中間過程，
但也出現了新興的再居間趨勢，
而這多半是因爲網路能節省成本。
產業因之形成轉型與融合。
所以，企業在衡量自己的網路消費者策略時，
應記住一個簡單的問題：
我們在網路上可以做什麼讓顧客省錢的事？

「未來就在這兒，只是還沒有平均分佈罷了。」

吉普生（William Gibson）

全美最大的房屋抵押貸款公司費尼梅（Fannie Mae），最近與位於加州胡桃溪市的抵押貸款公司，芬尼控股（Finet Holding Company），一起推出在網路上申請抵押貸款的服務。費尼梅與芬尼公司的電腦透過網際網路連線，這讓費尼梅可以直接在線上核准顧客的抵押貸款。申請貸款的人只要把三十項「資料點」，包括名字、地址、抵押貸款金額等等，傳送到芬尼公司的網站 www.iqualify.com，申請程序就開始了。這資料會傳到費尼梅的電腦網路上處理，費尼梅在得到（電子版）金融信用的報告後，再向顧客回報。根據最近的《紐約時報》報導，這過程通常在四分鐘內完成。

芬尼控股公司的最高執行長羅威治（Dan Rawitch）表示，芬尼公司可以迅速處理線上的申請，並且在費尼梅核可之後四十八個小時就發出支票。客戶在網站上經過費尼梅核可之後，不一定要向芬尼公司貸款，也可向其他公司貸款。線上申請貸款的費用是三十九美元，當然可以用信用卡付款。

這個例子，只不過說明了技術如何影響如金融業這樣重大的服務業，也說明了我稱爲「去除中間過程的迷思」（the myth of disintermediation）。

再居間與去掉中間人

「去除中間過程」(disintermediation)，是一個新發明的名詞(想必你看得出來)，意思是把傳統作法裡執行仲介作用的中間人消除掉，這中間人可能是零售商、直銷商或裝設免付費電話的業者。許多產業裡的公司，用全方位市場導向體系直接向消費者銷售產品，因而變得更強——在有些情況中甚至變成具有破壞力，例如戴爾公司賣個人電腦、邦恩諾貝書店與亞馬遜網路書店、e.Schwab 連線股票交易，以及微軟的 Expedia 與 Travelocity 的旅遊服務。

沒錯，傳統的中間人確是被取代了，但「去除中間過程」仍只是個迷思。我以費尼梅與芬尼控股公司的例子來說明：雖然說抵押貸款是費尼梅承做，但在線上核可信用的是中間人，也就是芬尼公司；而申請費用的支付是透過另一個中間人，也就是發行信用卡的公司，通常信用卡公司是屬於銀行的。

像這樣的情形，就是所謂的「再居間化」(reintermediation)。以前，當交通與通訊的基礎設施明顯改善時，產業的價值鏈多半會延長，產品與服務逐漸變得專業化。基於此，於是許多人認爲，網路也將創造出一批全新的中間人：這是指主要在網路上經營業務的面向市場企業，它們能提供入口網站的作用，讓線上使用者可和產品或服務的生產者連線。

大家都說，這樣做的風險太高。我的看法與一般人相反(也與你在媒體上看到的不一樣)，我認爲，再居間的情況可能會很普遍。

再居間的例子

讓我舉幾個再居間的例子：

- 現居入口網站領導地位的雅虎（Yahoo!），與英士衛（InsWeb）保險集團達成交易。根據佛瑞斯特調查公司（Forrester Research）指出，英士衛提供相互基金的資訊、連線交易、貸款、稅務準備和保險。
- 軟體業巨人英提特（Intuit）的子公司快客（Quicken），成立網路服務，提供抵押貸款利率的資訊，還有許多的金融服務。原本快客金融軟體便擁有不少忠實顧客，現在客戶更增加許多。微軟曾打算購併英提特，後來因爲反托拉斯的問題而作罷。
- 班克拉網路銀行（Bankrate.com）是一家靠廣告商支持的公司，提供全美各大銀行或金融機構有關貸款利率的資訊。
- 卡彭特（Carpoint）是微軟所設立的網站，每個月銷售汽車的營業額達兩億美元。
- 一家新的搜尋網站GoTo.com，讓商人、提供內容的人和網路出版者出價，在顧客搜尋相關網站時出現。例如，每次有人找尋「工具」項，西爾斯（Sears）百貨的URL就會出現，而每出現一次西爾斯就付美金一分錢（約合台幣三塊三毛）。根據佛瑞斯特調查公司的說法，百工工具（Black & Decker）更出價每一次兩分錢，只要有人上搜尋引擊找相關資料，一定先出現該公司的連結。GoTo.com 的最高執行長葛羅斯（Bill Gross）宣稱：「我們已創造出一個吸引顧客注意的競價市場，我們認爲，在汽車、旅遊、家用電器等競爭最劇烈的領域裡，將出現激烈的喊價戰。」

在以上例子裡，中間人並沒有完去去除，反而看到更明顯的再居間趨勢。若想深入了解爲什麼再居間會成爲趨勢，我們先列出直接銷售與間接銷售的產品與服務。

一、直接銷售的產品與服務

・**公用事業**：消費者一向直接向供應者購買電話等公用事業。
・**金融服務**：大多數消費者直接與銀行或經紀人交易。
・**期刊**：大多數的報紙與雜誌都直接透過訂戶銷售。不過書報雜誌攤的銷售也很重要。
・**教育**：學費通常是直接繳給學校。
・**地區性服務**：修理、營建、美髮、餐廳、園藝等服務，幾乎都是直接來往。
・**汽車**：汽車經銷商一般只銷售一個廠牌的汽車。這是比較特別的例子，因爲汽車經銷商在法律上不屬於製造商，所以可視爲間接銷售的通路。然而，如果是地區獨家代理的經銷商，這實際上就是直接銷售。汽車經銷商應算是直接與間接銷售的混合。

二、間接銷售的產品與服務

- **家庭耐久財**：冰箱、電視機、音響、個人電腦等，大多還是向商店購買。
- **食物**：大多數加工與生鮮食品透過商店銷售。
- **服飾**：主要還是經由百貨公司銷售，不過有些廠牌有自己的商店，也提供郵購服務。
- **書籍**：出版主流書籍的出版社，實際上沒有一家是自行銷售書籍的。
- **旅遊**：儘管可以自己訂購機票，但大多數個人或團體要旅遊時還是透過旅行社安排。

從以上簡表可看出什麼端倪呢？第一，在直接銷售那一部分所列的產品，有的是實際物質，不過多半是以位元爲基礎的服務。而在第二張表中幾乎都是實物產品，一般人會定期自行選購。其次，直接銷售的產品都有強烈的區域因素，至於透過中間商的間接銷售產品，通常銷售區域較廣，不受地區的限制。

技術上的取代

現在我們來看，同樣這些產品與服務可不可能把中間人去掉。

金融服務是最可能去除中間人的產業。但銀行與經紀人仍然與顧客直接來往，如何去除呢？在這例子中，主要是名詞的問題：這裡的「去中間人」，其實指的是一種我稱爲「技術上的取代」（technology replacement）的過程。

傳統上採用直接銷售與服務的行業，將繼續採行直接銷售。但如果這行業從人員直銷或電話直銷轉變成線上直銷，這時在技術上就有改變，且通常都是因爲實施了全方位市場導向體系。

例如金融經紀人還是直接與客戶交易，但溝通的方式逐漸變成在網路上連線，例如e.Trade。顧客仍然直接與相同的公司來往，但交易方式不一樣了。在這情形下，眞的把中間人去除了嗎？沒有。這只是技術上的取代，從信件與電話的連絡變成連線通訊。

到底有何不同？

再看看間接銷售的產品與服務。這些產品與服務顯然最有機會把中間人去除，而此處我對於「去除中間人」的定義是：**至少把產品配銷的過程從產業價值鏈中消除一層**。

例如，顧客可以使用網路直接向製造廠商購買，不再需要傳統的中間通路。可是今天網路上實際的情形卻是再居間化，而不是直接交易。茲舉數例說明如下。

書籍　亞馬遜網路書店的成功，是一次出版通路的重大擴展。不過，亞馬遜網路書店使用的還是傳統的通路模式，而它的競爭對手邦恩諾貝及其他零售性的網路書店，只不過使用了新價值鏈的零售商；這些不是眞正的去中間過程——除非把零售轉成批發，或者像蘭燈書屋（Random House）那樣，開始直接銷售自己出版的書籍，或像若干大型書籍經銷商，如布克誌（Bookazine）決定在線上以折扣價直接銷售書籍給大衆，這些才眞正算是去除中間人。亞馬遜網路書店與邦恩諾貝網路書店的成功，是新興的銷售管道與原有的通路競爭，而且一起生存。這其實是技術移轉，而並非價值鏈的移轉；從價值鏈的觀點來看，還是有明顯的生產者、配銷者、轉售者與零售商。目前情況如此，而我非常相信，在可預見的未來也不會變。

旅遊 情形與書籍相同。不管你是從微軟的 Expedia 或軍刀的 Travelocity 預定機位或房間，或打電話給旅行社請他們代爲安排，你都是與中間商交易，而非直接與旅館或航空公司來往。Expedia 當然大不同於典型的旅行社，不過還是執行相同的中間人功能。競爭也許更變化多端，但沒有眞正改變價值鏈。

個人電腦 最接近直接交易的例子，或許可在個人電腦產業看到。像戴爾、蓋特威（Gateway）和IBM等公司，都直接在網路上銷售個人電腦，不再透過傳統的商店或其他人轉售。但這也不算完全去除中間人，因爲個人電腦一向是直接銷售產品。過去多年來，許多人以郵購方式買電腦，後來則多半透過電話。網路取代了舊的銷售方式，比例也逐漸加重，但我不願誇張，因爲還只佔市場的少數。不過，以網路銷售個人電腦確實可大大節省成本。

在網路上銷售食物、服飾或家用耐久財，到目前爲止的例子不算太多；不過，最近一期的《網路對話》（*CyberDialogue*）上有一篇討論網路商務的文章寫道，一九九七年消費者在網路上購買商品與服務的總值，已超過三十三億美元。

不過，以我對「去除中間過程」的定義來看，這個概念被過度渲染了。其實，我們見到的是「技術上的取代」與「競爭式的再居間化」這兩者的綜合。我們這一輩人的父母，不管你如何大肆宣傳，還是不願意驟然放棄到零售店的習慣，也不想在網路上購買音樂CD。因爲對他們來說，逛街購物有社交意義，這項意義是價値鏈和購買行爲的一部分，他們反而較不在意技術的影響。

當然，就算稱爲「再居間化」或「技術上的取代」，也無法稍減全方位市場導向體系或企業的力量；亞馬遜網路書店對於向來平靜的書籍零售業的衝擊，並不因而縮小。若干產業由於網路的出現而徹底且快速地改變，只不過這些重大變化並沒有除去傳統的中間過程。

節省直接成本與網路革命

在網路出現的早期，衆人深信，網路最大的影響出現在以位元爲基礎的企業；要過一段時間之後，才會影響到以原子爲基礎的產業。令人訝異的是，在工商業界開始利用網路四年後的現在，情形完全相反：以位元爲基礎的企業，包括電話、印刷、娛樂及電子報紙雜誌，到目前爲止受到的影響有限；但以原子爲基礎的行業出現劇烈變化。

愈來愈多以原子爲基礎的產業到了要鬧革命的地步。亞馬遜網路書店帶給大型連鎖書店極大的恐慌，不得不趕緊建立自己的網站；戴爾公司在網站上的成功，激勵了個人電腦經銷商。最近，一向在銷售與定價上神秘兮兮的汽車經銷業，由於許多顧客上網查詢最新的汽車資訊，也似乎將出現改變。的確，出乎很多人的意料，這些在網路上成功的故事，賣的是以原子爲基礎的實物，卻成爲消費者電子商務的範例。爲什麼？

理由很簡單。以原子爲基礎的產業，在去除了傳統通路之後所節省的成本，比起以位元爲基礎的產業利用網路所提升的服務更加令人注目。在書籍、個人電腦、汽車等例子中，從配銷通路中節省下來的成本，消費者可以直接獲得好處。當然還有許多非關金錢的好處，例如方便、特別訂做、多樣選擇，不過這些不那麼重要。

許多以位元爲基礎的產業，特別是倚賴廣告收入甚重的行業，消除了價值鏈中的一環之後，所能節省的消費者成本其實寥寥無幾，所以必須以方便與功能爲競爭的訴求。在全球資訊網還不算成熟的現在，提升服務雖有可能，風險卻很大。因此，以位元爲基礎的產業很少出現眞正大幅的改變。

也許你會問，像e.Schwab的那種線上股票交易服務又怎麼說？它們不是最能代表以位元爲基礎的產業嗎？我說，它們只代表一部分而已。在線上提供股票交易服務的網站，基本上只是以網路代替電話，因不需要人工接聽電話而節省成本，再將所節省的成本轉給顧客。但價值鏈的連結因此而消除了嗎？當然沒有，這也只是又一個技術取代的例子。

總結這些例子後得到一個簡單的事實：早期的消費者電子商務受到歡迎，多半是因爲買方可以省錢。這沒什麼好奇怪的，在我們期待網路能把資訊與服務提昇到新境界的同時，也不要低估網路在降低成本上可扮演的重要角色——這一點對於近期的網路發展意義重大。

以廣告爲主要收入的產業，如出版、電視、運動等，將來會更難爲顧客省錢，而這些產業剛好都是以位元爲基礎。至於保險與金融業，如果不能提供更實質的好處給顧客，那麼在網路上也不會有什麼發展，但它們到目前爲止還提不出什麼好處。事實上，最近有些銀行似乎反其道而行，竟打算收取自動櫃員機的使用費。當然也有例外，如上面提過的網路銀行，不過在龐大的金融服務業中，他們只是滄海一粟。

企業在檢驗自己的消費者網路策略時，應記住一個簡單的問題：**我們在網路上可以做什麼讓客戶省錢的事？**如果答案是「沒多少可做的事」，那麼網路目前無法翻新你的核心業務；網路也許可以重新定義你的市場與顧客策略，但畢竟銷售才是組織的命脈。

如果網路可以節省某產業的直接成本，那麼該產業目前的市場領導者最好趕緊網路化。如果現有業者不採行多樣化的業務程序，新的競爭者一定會採行，就像第五章提過的網路日用品供應商。在商業史上，新加入的人往往得第一，所以，技術上的大改變通常會使領導者換人。「先來先服務」的定律，至少能在網路中成立，而經濟規模對於網路的重要性，比對過去的商業更加重要。

未來就在這裡，可是……

眼看未來不確定，大多數人都會浮出兩個疑問：網際網路對於我所從事的行業，在形態與結構上會有什麼影響？網路化之後的世界，到底會有什麼不同？

如果想更了解今日所發生的事，必須回顧資訊時代開始之前的一百年，大約一八七〇至一九七〇年。這段期間，正值工業化的高峰期，交通與通訊方面有重大進展，使得跨國性企業、層級嚴明的大型組織和高度結構化的學校體系，逐漸把農業社會改頭換面。大量生產是這個時期的精神，這從公司名稱就看得出來；當時美國重要的大公司都使用通稱，例如，通用汽車（General Motors）、通用電器（General Electric）、通用食品（General Mills）、美國鋼鐵（U.S. Steel）、標準石油（Standard Oil）。

而資訊時代從開始到現在也幾十年了，過去的舊結構至少局部已被新結構取代，企業變得比較專業，比較相互依賴，工業時代垂直整合的大型企業已不復見。在所有的經濟領域中，消費者的選擇範圍大大擴展。

儘管我們感覺得到變動中的種種，但現階段還談不上看到技術進步所造成的全面影響。我認爲，如果寬頻線路還沒有普遍舖設，不是所有人都能連線獲得完整的服務，那麼由技術主導的產業改造就不算來臨。必須把今天許多技術上的障礙去除，科技才得以眞正發揮潛能。

爲了把這個觀點說得更淸楚，借用一句作家吉普生的話：「未來就在這兒，只是還沒有平均分佈罷了。」我用這句話來表示，現在見到的許多改變或是實驗階段中的變化，在五年十年之後將變成十分普遍。當然，其中有許多新創意可能會失敗，甚至日後回顧會覺得可笑。

所以，今日企業領導者的任務，就是了解自己所處的產業發生什麼變化，並且盡可能做出正確的判斷，知道是什麼力量將會改變自己這個產業。

七個產業轉型的領域

產業轉型有許多形式，最可能在以下七個領域中發生：

一、**在線上傳送的產品與服務**。如果產品與服務的主要內容是位元，例如金融、保險、視聽產品及各種形式的出版，那麼顯然大有潛力做到完全在線上傳送。但這些產業中沒有多少眞正照做。不過，目前這些產品與服務還沒有大規模在線上傳送產品，並不表示在未來不會發生。短期內來看，實物的產業比較受到網路的影響，但長期而言，位元產業受影響的速度會超過實物產業。

二、**產業融合**。以醫療保健的例子來看，有效運用技術的唯一方法，有時是重新建構既有價值鏈中的資訊處理程序。隨著法令的限制解除和擁有了共同的數位基礎，在金融服務業、媒體、電子業也出現強力融合。

三、**價值鏈的抽取**。當資訊處理改變了某項工作的效率，若干重要的企業機能可能會發生產業轉移。例如：

- 銀行可提供家庭帳單給零售商。
- 保險公司可負責處理企業內部的福利。
- 製造業可爲客戶監管存貨量（例如蜆殼化工的ＳＭＩ系統）。

產業間互相提取價值鏈，長期的效應就是目前各產業間明顯出現的價值重建。

四、**價值鏈的插入**。線上處理在許多產業中成爲業務的一環。最明顯的例子有：

・網路服務供應商或其他公司，因爲設計並主持客戶的網站，於是成爲客戶價值創造活動的一部分。

・開發純粹技術工作如智慧卡、電子錢包、顧客鑑識的電腦公司，成爲顧客作業系統的中心。

・網際網路本身，已進入所有產業的價值鏈。

很明顯的，對於各行各業來說，善用電子的力量已成爲競爭策略。

五、**產業的集中度改變**。網路在目前與未來的影響，特點在於使企業的工作程序變成可以利用軟體來管理。軟體市場的經濟規模近乎無限大，因此有高度集中的傾向，這表示全方位市場導向體系將會更普遍，某些產業也將更加集中。

其實這種改變已在某些產業發生，例如金融服務、媒體和軟體業。另一方面，網路大幅降低了進入某些產業的門檻，因此會引入許多新的競爭者。

六、**產品轉型**。產品本身將趨向於從產品轉變爲服務。隨著微處理器、感應器和無線通訊器材成爲消費產品的標準配件，產品與服務提供者間的關係將會大大改變。在「智慧型產品」的時代，以往產品與服務之間的明顯分界，將漸漸模糊。在「智慧房屋」裡，所有的電器用品都連線操控，由服務公司透過網路來管理。電器本身是產品，但它只是服務的延伸而已。通用電器公司看出產品與服務的關係漸密，其界線也將模糊。

七、**打破地理上的限制**。保有強烈地域性質與國家特色的產業，諸如金融服務、零售商店、電信業、醫療保健、媒體、教育等，將會超越其地理疆域上的界線。網路上根本沒有地理上的隔閡；地域與國家的差異不再，代之以多元特色。

今日的企業領導者面對這七大領域的轉型，將會遇到下列的策略性問題：

- 我這產業的價值鏈通路是會出現或消失，或改變？
- 我這產業會與其他產業起衝突嗎？
- 在我這產業的傳統價值鏈中，現在有沒有哪個環節外包出去，或有沒有向其他產業抽取價值鏈，增加功能，延伸自己的價值鏈？
- 我這產業有沒有集中的現象，在地理上有沒有分散的趨勢？

轉型之四例

這些轉型對於重要產業將產生重大影響，以下用金融服務、醫療保健、零售、製造等四個產業來說明。每個產業各取一樁迷你的案例研究，以說明整個產業轉變的形態。

這些案例以一個共同的假設爲前提：所有的民衆與企業都可以透過寬頻的設施連上網

路。所以問題變成：在未來的寬頻世界中，如何推斷該產業將如何轉變？也就是說，**如果可以建立一個連線的世界，我們要用它來做什麼？如果網際網路充分發展，你的企業會變怎樣？**

例一，金融服務：降低成本與創造價值

新技術對於金融服務業的影響遠超過其他產業。從最早的打洞式卡片資料處理開始，銀行、證券經紀商與保險公司就是電腦科技的主要使用者，它們花在資訊技術上的金錢，就其佔營收的比率而言，一直都是很高的。

今天，金融機構面臨產業本質上的重新定義，遭逢新的產品、傳送通路和競爭。銀行的高階主管明白，現在金融服務的所有業務都可透過網路用軟體來管理——至少理論上如此。他們知道，擁有高敞氣派建築的那個時代，快要不見了。

雖然保險業的創新程度不及銀行與證券經紀業，這三個產業卻面對許多相同的問題，而跨業的融合與購併，更使它們逐漸融合成一個相互倚賴的市場空間。保險、銀行與證券經紀這三種產業基本上都是財務中間人，接受民衆的儲蓄存款，各有其高低不等的風險。這三種金融業的基本功能如下：

銀行提供的是風險最低、報酬率也最低的投資，包括政府擔保的儲蓄存款和各種商業貸款。

證券經紀商提供的是高風險與高報酬率，通常由個人直接投資於股票上。**保險公司**也是風險管理，但角度不同：他們以共同出資的方式，爲個人或企業分散各種損失的風險。

除了醫療保健業之外，金融服務業與其他行業最大的不同之處，在於金融業必須遵守政府的法令規定，這在各國都差不多。而政府要管制是有原因的：健全的銀行乃是任何國家穩定與繁榮的基礎，因此政府對於銀行一定要嚴加管束，但也給予許多保護。事實上，各國政府都想創造出利於銀行經營的市場條件，只是不一定成功。

大衆對於證券經紀商與保險公司有信心，也是因爲政府有嚴格的規範，以及對於現有業者給予保護。銀行、證券經紀商與保險公司都是管理別人的大筆資金，因此政府必須設立法規，盡可能保護這些錢不被金融機構竊用或浪費。在技術的衝擊之下，信用與保全的問題並沒有改變。就算現在法規鬆綁了，就算網際網路出現了，也很難刪除政府的監督功能，即使未來政府也不太可能全然不管。

儘管如此，但資訊新技術仍爲金融業帶來兩大影響：降低成本，增加機會。

降低成本

技術以三種方式改變了今日金融服務業的成本結構：

一、**低價的語音系統服務與資料通訊**。這讓金融機構可以把處理業務的地點與傳送服務的地點分開，例如信用卡服務中心可以設在某一州，服務的範圍卻是全美國。不過，由於銀行逐漸全國化與國際化，集中處理的範圍也愈來愈大。而網際網路會加速這個變化。

二、**自動化的傳送通路**。如自動櫃員機與網際網路，可以爲銀行、保險公司、經紀商大幅減少服務的成本。不過，如果能找出在哪些問題上顧客還是喜歡面對面處理，將是彌足珍貴的發現。許多人預測，線上服務的成本將只有行員服務的百分之十；到現在爲止，眞正受到節省成本之利的只有證券經紀商，但銀行與保險公司將會找出降低成本結構的方法。

三、**賦予專業知識**。自動化的知識管理系統，降低了決策成本。載有專門知識的軟體，例如信用紀錄、價格調整、產品組合分析工具、顧客處理守則等，可以讓金融服務業提供高水準的專業知識給顧客，又可降低服務成本。以往只有重要客戶才能享受如此高品質的服務；現在網路卻有能力把高品質服務傳送給每位顧客。

未來，這三項降低成本的作業形態將是領導市場的必備條件。

增加機會

至於新的機會可能出現在下列五個基本領域裡：新產品與服務；融合；價值鏈創新；基礎建設的所有權與管理；全球擴張。

一、新產品與服務

包括新的自動付款系統，如自動櫃員機借方卡、智慧卡、消費付帳系統、網際網路付款方法（可能是電子現金），以及許多商業與零售的電子轉帳系統。而這些系統和方法都至爲倚賴銀行的支援與帶領。

此外，許多原先不可能做到的服務，技術將可以效勞。我馬上想到的就有三種：讓小公司也能上市；個人投資者可以每天評估其投資現值；給信用較差的借貸者新的機會（也許利率會高一些）。這三項服務都可以用低成本提供給顧客，因爲新技術提供了全新的服務。

二、融合

「融合」（convergence）一詞本是金融業用語，描述的是原本有明確區分的銀行、經紀商、保險公司等產業，逐漸在產品、管理和持股上互相重疊。

金融服務業之所以會融合，是因爲金融服務在整合之後，可以調配運用原有的顧客關係、銷售通路與新的低成本傳送系統，以求從現有顧客和互賴的產品中得到更大好處。

這種融合所帶來的好處，對於擁有許多分公司或代理商的金融機構來說，特別有吸引力。由於建立分支網需要大量投資，而爲了投資報酬，分支必須盡可能創造業務量；爲了增加業務量，全世界的金融服務機構都在大融合。

在轉變過程中，有些公司發現，全新的領域比他們舊有的市場更吸引人，也適合跨產業去收割。例如，對於醫生或律師等富裕的專業人士而言，找美林證券（Merrill Lynch）這種經紀商辦理小企業融資貸款業務，比找商業銀行適合。相反的，對於個性保守、上了年紀或中產階級的投資者來講，找銀行操作相對基金與退休金比較好。而保險公司可能比銀行或經紀商更適合承辦中小企業的退休福利制度。

當然，金融業的多元經營不是迎接科技衝擊的唯一方案。有些公司自有利基，如專營抵押貸款或信用卡的公司，利用廣告信函、電話和逐漸普遍的電子方式，更可能維持一個有效的市場。在未來寬頻的數位世界裡，能提供多樣化產品或能降低成本的企業，似乎最有可能保持競爭力。

從消費者的觀點來看，這樣很理想：有些公司因為融合而變得產品多樣化，有些則專注於利基市場致力提昇效率與創新，兩者競爭，消費者得利。

三、價值鏈創新

價值鏈創新的目標，在於讓企業或個人願意把原本自己執行的工作找他人代勞。例如，銀行可幫客戶處理應收應付的帳款、員工薪資、稅務會計與文件歸檔、信用卡支付、催收帳款、直接存款、電子轉帳支付，以及退休金管理。

至於在零售方面，銀行透過信用卡業務而跨足個人的消費付款與記帳業務。萬一消費者接到瑕疵品或貨品未收到時，發卡銀行的品牌讓消費者有一個保證。以前，消費者看的通常是零售商的廠牌與信譽。像這種品牌保證的功能在網際網路上特別有用，因爲消費者相信的是值得信賴的品牌與名聲，所以，有信譽的企業在網路上更有優勢。

金融業在企業與消費部門抽取了原本不屬於金融業的價值之後，業務可以更加興盛。這種抽取的效應，可以加強與顧客的親密度和合作關係。許多企業願意把財務工作交給金融機構處理，因爲他們不認爲這些工作是自己的主要機能。另一方面，如果銀行不繼續改進效率，顧客將會自行管理財務。

四、基礎建設的所有權與管理

銀行的主要角色之一，乃是擔任全球金錢來往的基本體系。銀行發放現金、支付票據、轉帳，並經營自動櫃員機與信用卡系統。消費者可能不知道，世界兩大信用卡公司，MasterCard與Visa隸屬同一銀行集團，而NASDAQ股票交易乃是由全美證券交易商協會（National Association of Securities Dealers）所掌控。銀行與經紀商的未來，全看他們有沒有能力把業務擴張到智慧卡、網際網路交易和其他電子交易。

基礎建設的問題，造成金融服務業與資訊技術業之間複雜的高度策略性的結盟。例如，IBM與全美十幾家大銀行合作，締成一項Integrion的合資計畫，雙方正在發展一套電子商務基礎建設。同時，微軟與信用卡的大公司第一資料企業（First Data Corporation）密切合作，目的亦同。惠普公司與電子資料服務公司（Electronic Data Services）也正在發展零售業信用卡處理系統。

而使得情況益發複雜的是，實際上各國家或地區都打算發展自己的網際網路付款系統。現在已經有人努力想整合網際網路上的金融資訊，好讓消費者可以從中比較，得知最優惠的抵押貸款利率，或是將儲蓄、投資、保險做最佳的組合。

最近的例子包括 Insuremart.com、Insurequote.com、InsWeb.com，而一定還有許多網路公司會陸續冒出來。等到這些新公司推出零售層次的產品並且獲得成功，將影響到銀行所面對的競爭情形，以及銀行的定位。銀行一向直接與顧客來往，但網際網路會引進許多全新的金融中間商。

五、全球擴張

過去十年，證券經紀業確乎國際化了，投資人只求最高的投資報酬，根本不管投資在哪裡。但是保險業先天有國界限制。而銀行發展跨國經營的能力，以服務國際客戶，介於證券經紀業和保險業之間。事實上，爲了在全球吸引顧客，提供服務的組織變得愈來愈大。

某些高層次的商業市場適不適合發展成龐大的經濟規模，目前還無法論定。服務一般民衆的銀行業務，很難突破國界的限制，再加上強烈的民族主義態度，這使得金融業要不要全球化的問題還有待辯論。

雖然如此，許多金融機構仍繼續擴張版圖，原因有二端：經濟規模與業務多樣化。也許另一個不得已的原因是：隨著法規的鬆綁，爲了保護國內市場，通常形成效率低落的國內公司，根本無法與國際化的企業抗衡。亞洲最近的經濟混亂與歐洲貨幣的統一，也許會發展出新一波的全球金融服務聯盟，一如電信業與航空業在法令限制解除後的情形。

無論會不會出現國際級的競爭者，全球金融業都在使用新的技術。請看以下三個例子：

- **更加倚賴套裝軟體**。美國金融服務業一向喜歡用套裝軟體，這造就了不少軟體與服務公司的成長。全球金融服務業開始懂得善用第三者資源，所以，習於使用套裝軟體的公司，當然比使用自有內部軟體的公司佔優勢，因爲自行開發系統軟體的代價較高。內部自行開發軟體固然重要，不過唯有市面上找不到合用的軟體時才有必要。套裝軟體終將主宰網際網路化的金融服務系統。
- **新興市場的現代化**。全球的開發中國家現正瀰漫一股自由市場精神，其銀行快速擴張與現代化。裝設了精密的硬體與軟體系統之後，這些國家在技術上進步了好幾代。事實上，美國現在多半以授權方式向許多國家輸出銀行體系與軟體。亞洲現在的問題，追根結柢還是在於金融改革，因此技術改變的速度會更快。
- **網際網路**。雖然各國使用網際網路的情形不同，不過通訊技術及交易處理、安全、身分辨識、加密等相關技術，極可能在全世界發展出相同的系統，而造成同質化的效應，對於金融業整體造成重大影響。至於處理的費用驟降、新的傳送系統出現、新的融合產品和外包機會的增加、新的付款方式、新的零售中間商，以及猶待進行的國際擴張等等，這些變化構成蓬勃卻混亂的未來，而必然會與技術的演進和利用有關。

例二，重建醫療保健系統

相較於其他產業，醫療保健看起來似乎與全球競爭無甚關聯。醫療保健算是服務業，而且每個國家有自己的問題與結構，所以今天的醫療保健無論公營或私營，大多只屬國家層次而已。當然，醫療保健產品如藥品和醫療設備能夠行銷全球，算是比較重要的例外，不過，它們在全球的醫療保健花費中，只佔極小的比例。

儘管如此，醫療保健已然成爲世界經濟中一個很重要的市場，佔各國國內生產毛額的百分之七至十五，通常是各國最大的單項支出，代表的是企業與消費者巨額的開銷。凡能提供高品質醫療保健服務而收費又低的國家，其企業將站在更有利的競爭基礎上，因爲它的人民可以活得更久也工作更久，而這一點爲經濟與社會之犖犖大端。

雖然醫療保健的規模龐大，也很重要，運用資訊科技的速度卻很慢。醫療保健一向被認爲有半公營事業的味道，所以始終沒有開放競爭。此外，由於事關大衆健康，所以較無削價競爭的壓力。又由於有保險制度與政府的補貼，消費大衆遂不知自己眞正的支出是多少。醫療保健業到最近十年才驚覺，必須要有明顯的改變，因爲醫療保健業的支出太高昂，必須有更好的管理。

然而，許多醫療保健的機構還停留在資訊技術的基本階段，鮮少達到程序自動化的層次，更沒有一家堪稱先進的全方位市場導向的企業。

醫療保健業牽涉到消費者、醫院、醫生、企業、政府及其他利益團體，因而文書作業繁複，官僚氣息嚴重。正因爲這是一套複雜的生態系統，因而很難用電腦來處理問題。諸如系統不相容、隱私與保密的問題、醫療保健界的抗拒，以及上述的沒有財務上的壓力等因素，造成資訊技術大多只停留在機構的內部使用。

這種種問題加起來，實非幸事——這話說得還不算重。其實醫療保健系統最是需要藉助於資訊與知識，因爲幾乎所有醫療保健的環節都需要專門知識，也都應有正確的檔案紀錄、通訊和品質管制；若再考慮到技術、法規與程序迭有更改，我們就更必須把資訊技術放在醫療保健系統的中心。儘管醫療保健不算完全以位元爲基礎，但還是應該把資訊管理與病患照料系統作一整合。

生態系統的發展，通常是供應商、通路與顧客互動下的產物，不過醫療保健業的生態系統，與其獨特的人際關係網有相當大的關係。以往醫療保健難以處理的資訊問題，可以用網際網路的標準化來解決。醫療保健業也足以說明，爲什麼純粹技術的解決方案不太可行。在醫療保健業中，也需要在文化、合作與組織上進行改變，才能現代化。

醫療保健資訊的處理程序中，包括許多種人，主要有：醫生、醫院人員、政府相關單位、其他醫院、保險公司、社工福利機構、病人及其家屬等等。到醫院看個一般門診，要動用到許多人來處理病患的病歷、狀況、費用等等層面的問題。過去，病患的資料是由不相容的電腦資料加上手寫的資料拼湊而成，這往往造成資料重複，或二次輸入，還必須以人工傳送。從技術的觀點來看，問題在於：**已經普遍爲大衆所接受的網際網路，能不能讓醫療保健的陳痾有所改善？**我認爲可以。

以下先看看，六大造成企業成功的關鍵，如何應用在醫療保健上。

一、**通訊**。電子郵件可以提供許多好處，是其他溝通方式望塵莫及的，尤以輕鬆取得相關的表格與紀錄最爲有用。在美國，只要不是太龐大的醫療機構，多已連上網路或即將連上。不過使用仍十分有限，利用網際網路傳送病患資料則更少見。同樣的，比起在網路上與病人直接溝通，醫生顯然更願意在網路上與同事交換研究心得或是合作。多少人曾發電子郵件給自己的醫生？收到醫生回電子郵件的又有多少？總之，醫療保健在電子通訊上確實是落後。

二、**協調**。從事醫療保健的人員，花很多時間安排看診、檢驗和治療。通常是病患打電話來安排時間，也沒有使用語音信箱。許多企業已採用的行事曆或工作流程軟體，可以在醫療的各個階段追蹤病患資料，但也很少人採用。可以這麼說，即使是最平常的行事曆安排，醫療保健業還是用昂貴的人工來處理。

三、**工作重分配**。在金融服務業的部分已經討論過，當各產業開始密切合作時，有時候某些工作由另一個組織來做也許更有效率。例如，在訓練員工處理醫療保健的福利計劃時，也許可以找保險公司透過網際網路提供軟體與相關內容，甚至可能只要按一下員工桌上電腦，就可以維護、更新與操作這個系統。當然也可由醫療保健業的保險公司來操作。使用這些應用軟體其實很簡單，但若要先讓醫療保健明瞭其好處，就得在銷售、服務與行銷上多下點功夫。醫療保健與政府單位或教育機構很像，他們的激勵方式與私人企業完全不同。還有什麼產業會把顧客叫做“patient”（在英文裡，此字當名詞時的意思是「病人」，當形容詞時表示「有耐心的」）？

四、**隱私與安全**。醫療紀錄必須保持高度的隱密與安全，這是想當然爾的事。在任何互動式的企業環境裡保護資料安全的工作，其難度高過在單獨組織內的安全工作。尤其在醫療保健體系中，前面提到的那許多人都會要求取得相關資料。醫療保健業如果沒有完整的保密系統，就不可能有真正的跨業合作。目前美國政府在這方面的政策卻是反其道而行。網路用戶必須能確保，自己的通訊如個人信件、金融轉帳或敏感的商業資訊，都能保持隱密與安全。若採用具有高度加密功能的產品，可以使顧客有信心。但美國政府禁止資訊業出口具有高度加密功能的產品，只能對外出售幼稚園級的加密產品。憑良心講，時間不等人；網路商務每一百天就成長一倍，北美有一千萬人在網路上買過商品，四千萬人在進行傳統購物之前，會先上網路蒐集產品資料與價格。

無論制定政府政策的人怎麼想，具有高度加密功能的產品已然是從阿拉丁神燈裡釋放出來的精靈，不可能再把它塞回去了。全功能加密產品在全世界已很普遍，即使在美國也常見。

歹徒眞想做壞事，不會因爲美國政府的政策而幹不了。美國政府對這個問題太過愼重，以致嚴重妨礙電子商務的成長，因爲我們不能出口在這方面有競爭力的產品。

今日的醫療保健業，書面文件通常靠各種代號、員工專業知識、序號，甚至模糊不清的字跡來確保，重大細節只有該知道的人才知道。在網際網路上洩漏資料的故事，多半過分誇張；不過在可見的未來就算有立法保護，這問題還是隱然成憂。媒體經常大幅報導金融服務業中安全性的問題，但金融服務業其實在安全上的問題不嚴重，因爲重要的金融資料通常集中管理，被傳送出去的管道與方式比較少。

五、**跨企業組織的相連系統**。以前，病患（顧客）在一家公司工作，提供醫療服務的是另一家企業，保險公司又是另一家。既然所有組織都需要一個系統以提昇效率，因此所有相關組織都必須盡力做好系統相連的工作。這是先有雞或先有蛋的問題，但在醫療保健業特別麻煩，因爲在醫療保健業領導者與行銷發展還沒有完全建立。其實。許多醫療計劃並沒有好好做紀錄，尤其是醫生，只要有可能影響到對病患的照料，他們就不太願意改變作業方式。

六、**調整能力**。以上所說的其實還不夠，所有的醫療保健業必須快速改變且不斷改變。治療方式、保險條款、政府的報告，都必須不斷定期更改。在任何產業中，爲各個不同的組織擬出一套正式的管理變化程序，可不是件容易的事——想像一下，假如購買股票的規則與方法不斷改變，會是什麼情況。醫療保健業資訊系統想必所費不貲，那麼就會希望把產品壽命週期盡量拉長，而這些都會促進系統與服務的不斷調整。

計劃保健

綜合以上六個議題，顯然這工作是很困難的。以技術來改變醫療保健業不是簡單的工作。事實上，在九〇年代初期許多觀察家就認爲，醫療保健業缺乏足夠的誘因，也沒有領導人物可以克服醫療保健業的惰性。這個結論讓許多人相信，解決之道在於根本改變醫療體系。這問題有兩個選擇：其一，像全世界許多國家一樣，把醫療保健體系國家化；其二，整合醫療保健的規定與相關保險的責任，建立「計劃保健」（managed care）體系。

當然這些問題在柯林頓政府第一任任期時，是優先處理的事項。但美國一向不願意——甚至不考慮——把某些課題國家化，所以「計劃保健」就成爲主要方案。許多人熱烈討論醫療保健的議題，但都完全沒有考慮技術的因素。儘管如此，目前美國醫療保健管理的方向，認爲技術是重要也最有幫助的因素。太多人不知道，資訊技術已成爲帶動改變的催化劑。

大體上，美國普遍採用「計劃保健」體系，很可能使醫療保健業像一般的產業模式一樣，先是建立健全的企業內部網路，再用企業內部網路爲基礎，在全球資訊網上建立先進的企業廣域網路。例如，「計劃保健」的機構必然有強烈的誘因，發展出有效率的檔案與工作流程系統，尤其是因爲這些機構開始爲業務而競爭，並開始培養出行銷與顧客服務的態度。這些系統如果夠健全，也可以把病患、雇主、政府等直接連結起來。

站在消費者的立場，他們希望用電子方式獲得更好的醫療保健，這是不容忽視的期待。

病患（或者說是顧客）會很願意上網路學習，以了解疾病和治療方法等。此外，在網路上溝通可以匿名並保有隱私，病人之間也將樂於交換資訊。

網際網路一定會使醫療保健業的消費者懂得更多，也更有主見。而也必須要有這樣的消費者，才能避免「計劃保健」的單位主管權力太大。

例三，零售業：中間商的前景

在所有可能轉型的產業中，網路零售業最引人注目。會不會在將來的哪一天，我們都在自己家上網購買各種商品？如果不會，那麼電子通訊在日常購物一事將扮演什麼角色？

這些問題將影響每一個人。根據《網路對話》雜誌的估計，網路零售業在一九九七年的營業額共三十三億美元；佛瑞斯特調查公司的估計則是二十四億美元。在網際網路上經營零售業，不再是遙遠的夢想。不過，佛瑞斯特公司表示，在九七年全美上網的成年人當中，只有百分之二十曾在網路上購物。佛瑞斯特公司認為，「成功的零售商必須把逛網路的人轉變成購買的人，市場佔有率才可能成長。」

零售商店一向是美國經濟與社會表現的象徵。商店的使用率如果下降，即使只下降一點點，也會對諸如商業區不動產的開發、消費者產品零售價與躉售價格等，造成衝擊。

某些人認為，無限大的虛擬網路空間忽然冒出來可資利用，這對於原本有限又昂貴的實際空間必會造成莫大壓力。對於某些光是進到大型購物中心或其他商店街都會不知所措的人來說，一旦改變成在網路空間購物，恐怕是一次文化上的大轉變。

另一方面，在網路上購物，和到網路銀行或付帳單或單純在網路上閒逛是不一樣的；「購物」這件事通常有很強烈的社交意義，而這種意義即使最強固的網路也無法提供。今天的網路商店很特殊，進去逛的人都是單獨一個人，除非遇到網站反應遲緩，才會知道其他人也在商店裡。想要在網路上模擬有其他人也在現場，這技術恐怕得很久才能實現。不過，由於現代社會多半是雙薪家庭，大家都希望生活更便利，因此網路訂購商品還是大有可爲。

在各種可能性中，我認爲網際網路零售業的眞正實力，在於能創造出新的商店，而不在於能除去舊有的商店。讓我們看看爲什麼。

零售業的七個C

下頁的表，列出可能在網路上銷售成功的商品。在這項評比中，並沒有明顯區分出自己展售自己貨物的零售店，以及只是展示貨物，但接受訂單，由中央倉庫出貨的這一種店。不過，這兩者都是零售，因爲消費者在購買前多半會到商店實際看一看摸一摸。至於如何完成購買，則是另一個問題。

綜合來看，這張表包含了今日零售業絕大多數的消費者產品。我把所有產品劃分爲九大類，每一項產品以七個C來評比，分成「高」、「中」、「低」三個程度。這七個C，是第五章討論過的六個C，再加一個C：節省成本（cost saving）。

消費者購買行為以七個C來分析	社群	節省顧客成本	顧客選擇	想訂做的需求	產品一致性	融合的可能性	改變幅度
電器							
電視	低	中	高	低	高	中	低
音響	高	中	高	低	高	低	中
個人電腦	高	高	高	高	高	高	高
電視遊樂器	高	高	中	低	高	中	中
電話	低	中	高	低	高	低	低
耐久財							
爐具	中	中	中	低	高	低	低
冰箱	低	中	中	低	高	低	低
碗盤	低	中	高	低	高	低	低
鍋子	中	中	中	低	高	低	低
汽車	高	高	高	高	高	高	高
日用品							
農產品	中	低	中	低	低	中	高
肉品	中	低	中	低	低	中	低
乾貨	中	低	高	低	高	高	低
日用品	中	低	高	低	高	高	低
服飾	高	中	高	高	低	低	中
嗜好							
運動用品	高	高	高	中	高	高	中
休閒設備	高	高	中	低	高	中	中
工具	高	高	高	低	高	中	低
娛樂							
CD	高	中	高	低	高	高	高
書籍	高	高	高	低	高	高	高
報紙	高	低	低	中	中	低	中
雜誌	高	低	高	中	中	低	中
錄影帶	高	高	高	低	高	高	中
傢飾							
家具	低	高	高	高	中	低	中
個人用品							
健康用品	高	高	低	高	高	中	高
美容產品	高	高	低	高	高	中	高
性愛衛生用品	高	高	低	高	高	中	高

一、**電器**　在電器的評比中，個人電腦在「訂做」的需求上特別突出。買個人電腦的人有一系列的硬體、軟體和網路產品可供選擇，而若能預先安裝軟體又可試用，這樣的服務最吸引人。在電器類中，目前個人電腦是唯一提供線上銷售的產品。

在「改變幅度」這一項上，對於個人電腦有爭議。因爲電腦新機型在可見的未來將不斷推出，而這一點是個人電腦產業重要的一環；個人電腦與電視遊樂器是最可能在網路上銷售的產品。由於新機型推出的速度極快，所以在商店裡擺設存貨變得沒有效率。相反的，改變較慢又大量生產的產品，在商店裡銷售就比較合乎成本效益。

除非可以節省很多錢，否則大多數人在購買電視或音響之前，還是喜歡試聽試用。個人電腦、音響、電視遊樂器等產品，比較容易在網路上發展成社群，電視與電話則不會。不過，等到高傳眞電視出現，而且個人電腦與電視終於整合爲一時，這時電視就會擁有若干個人電腦的功能。整體而言，當產品的一致性高，就可以在網路上銷售，但必須可以明顯節省成本或具有其他價值。目前看起來只有個人電腦可以節省成本並有附加價值，音響與電視遊樂器則在這方面相當有潛力。

二、**家庭耐久財**　這一項目的產品比較難在網路上銷售。消費者採購的次數和產品改變的頻率都很低，因此消費者對這方面的產品知識較少，也幾乎不建立社群（除了喜歡烹飪的人爲追求最新食材或技巧而組成團體）。這一項目最有機會節省成本，而且可能省很多。有趣的是，家庭耐久財的評比都很一致，可見產品同質性很高。

三、**汽車**　汽車的市場很大，所以自成一類。汽車就像個人電腦，在每一項評比中都是「高」，因此轉變成網路銷售的潛力很大。在節省成本的努力方面，可以減少存貨、降低經銷商佣金，讓特別訂做的過程更有效率。具有建立同好團體的潛力，產品也定期改型，更加強網路化的可能。此外，至少美國的消費者對於汽車經銷商普遍沒有好感。

即使是汽車產業也不可能一夕就改變。大汽車廠可不願與他們長期建立的經銷通路競爭，尤其他們目前還要靠經銷商提供服務與支援。也許最可能的途徑是借用個人電腦業的模式。許多個人電腦製造商與通路合作，盡可能做到在線上接訂單。個人電腦與汽車銷售網路化的效果，促使銷售通路必須提供更高的價值，或接受較低的銷售佣金。無論如何，都是消費者受益。

四、**日用品**。這一項在「產品一致性」與「改變幅度」這兩點的評比是矛盾的。在肉品與農產類產品方面，由於品質差異性很大，很少人會想到要上網路購買。但在乾貨、紙用品、家庭各種日用品這方面，產品一致性與便利性都很高；腦筋動得快的網路日用品公司已嗅出商機。進行方式有很多可能，例如日用品連鎖店可在網路上提供一致性高的產品，顧客再到商店提貨，甚至可用「得來速」(drive-through) 的方式免下車即可取貨。至於非網路的商店可以變成專售講求新鮮的東西；商店面積縮小，結帳時間變短，顧客也方便。

今天的超級市場可以說都沒有建立顧客社群。其實，提供營養知識、新產品諮詢，甚至更重要的是提供常客優惠辦法，都可以建立顧客忠誠度。此外，超市的網站可以連結到各大食品公司的網站，以取得更詳盡的資訊。「推播技術」也很有用，可以通知顧客他們喜歡的產品新上市或正在促銷。

整體而言，日用品商店的利潤很低，而且網路傳送需要較高的處理費，因此節省的成本有限。所以網路日用品商面臨的課題在於提供購物的便利，並建立團體以維繫顧客忠誠度，這樣才能在已是高度競爭的產業裡生存。

五、**服飾**　服裝零售店還會存在很久——雖然說有些衣物，如男人的白襯衫與汗衫可以在網路上訂購或郵購。無論衣服價錢高低，大多數消費者還是喜歡摸摸質料並試穿。很難想像哪一天電腦可以把衣服的外觀與質感如實傳送給顧客體驗。而退換貨品是另一個問題。此外，逛街買衣服對許多人而言是一項很重要的社交活動。

由於有這些障礙，所以許多服飾零售商可以利用科技，把在商店裡購物變得更有趣也有教育性，也可以建立社群。但整體而言，服飾店還是會繼續存在。

六、**嗜好**　這個項目就比較活躍了。有嗜好的人通常會買特殊的商品、設備、工具，而這些不是隨處可購得，而且他們通常對於價格一清二楚。有嗜好的人是建立社群類服務的極佳對象。更重要的是，嗜好專門店的利潤通常比較高，店不會到處都有，產品的一致性也很高，而這些都使得網路銷售大有可爲。另一方面，許多人喜歡到專門店裡享受，再加上產品改變的速度不會很快，所以嗜好專門店還是會存在。不過整體而言，這將是一個可以在網路上活躍又創新的領域。

七之一、**娛樂（零售）** 這是純粹以位元爲基礎的產業，長期而言，轉型潛力很高。以今日情況來看，在前表中，書籍與ＣＤ在許多項目上的評比都是「高」，早已形成網路市場。儘管如此，一家好書店或唱片行仍有吸引力，所以零售店仍可生存。這形成一個有趣的問題：連線訂購的效率的確較高，但到商店購買比較有樂趣，這怎麼辦呢？

顯然，如果顧客到書店裡只是瀏覽，而後再到網路上以較低的價格購書，書店將不可能生存；合乎經濟原理的解決辦法是向逛書店的人收費，但這又違背零售業的精神。也許可試一試書店／網路社群的模式，辦法是這樣的：在書店買書後可獲得某種信用額度，相當於在網路上購書的價值。另一個方式是，對於許多銷售量低的書，書店只擺放「樣本書」。這樣的方式是否可行，誰也不知道，不過將來一定會出現這類有趣的商業模式實驗，尤其在大型零售連鎖店也介入網路商務之後。

七之二、**娛樂（靠廣告收入）** 以廣告收入爲基礎的娛樂業，如報紙與雜誌，在評比得分上比較低。報紙的售價明顯受到限制，目前的成本已相當低。更重要的也許是：從網路上閱讀不比實際的書報方便，又不能攜帶、不能自由自在使用、閱讀時也不舒服。因此網路版本的書報適合其他用途，如特別訂做、搜尋、互動、建檔等等。另一方面，書籍、ＣＤ、報紙、雜誌、錄影帶及其他娛樂產品，都有很高的潛力建立社群團體，此不再細述。

八、**傢飾** 傢飾產品和服裝一樣，質地觸感很重要，所以商店會繼續存在。椅子先試坐，地毯也要先摸一摸。除了藝術與工藝品之外，很少能建立社群。整體而言，這個項目在網路銷售上比較不那麼活躍。

九、**個人用品**　這一項有許多評比得到高分，可能是網路銷售最熱絡的項目。簡單說，有些個人用品在店裡購買不方便，在網路上購買則可保私密。英國的互動媒體零售組群公司（Interactive Media in Retail Group）經理塔克（Jo Tucker），指出一件有趣的事：「英國在網路銷售上最不尋常的事，發生在一家銷售大尺碼女性服裝的店：購買者大多是有異性裝扮癖的人。」

這也許是唯一因爲個人偏好而在網路上銷售熱絡的產品項目。此外也可能有節省成本、教育與建立社群的作用。有趣的是，無論是保健用品、化妝品或性愛／個人衛生用品，評比都差不多。

演進式的改變

這份對零售業的評量表有什麼意義呢？綜合來看，這九大類產品的評分顯示，**最能帶動改變的原動力，顯然是節省成本、顧客的便利，以及與社群團體相關的價值**。

在電腦、汽車和及資訊／娛樂產品上，大量訂做是最重要的因素。而食物與服飾若要做到在網路上銷售，最重要的課題在於產品的一致性。

唯一都得到高評分的是建立社群團體。零售商若使用主動推播的技術，便可與製造商密切合作，提供更多資訊給顧客；讓忠實顧客享受更優惠的待遇，產品更有效找到目標顧客。換句話說，網路將會大幅提昇傳統零售通路對於顧客服務的廣度與範圍。甚至可以說，顧客服務（Customer service）應該是第八項C。不過，由於顧客服務在所有產業中都是最重要的因素，所以就算列爲第八項，想必在各類產品都會評爲高分；如果說會有什麼改變，那就是在所有零售項目都會出現新的服務層次。

整體而言，網路將會降低對於零售空間的需求，但降低程度不若想像中明顯。零售業現在的眞正挑戰，是要將最好的實際經驗與最好的網路經驗相配合，以便在競爭激烈的市場上找出新的競爭優勢。新舊模式是否能成功混合發展，將決定誰在未來領導零售業。

以七個C來分析零售業後得到結論：對於零售業來說，網際網路所帶來的改變將會是演進式的，而非革命性的。不過，似乎網路還有更大的力量尙未釋放出來，在高頻寬的技術問題解決之後，力量應當更強大。

在推動改變的力量中，最常被提起的可能是軟體代理程式（software agent）。軟體代理程式是一種電腦程式，能在網際網路中尋找顧客感興趣的事物，例如詢問旅遊餐飲的預訂空位、比較最低價格、告知大拍賣等等。距離廣泛使用這種軟體還有種種障礙，例如訂定標準、增加網路與網站的流量、商人的支持等等，不過其潛力不容忽視。軟體代理程式可看做是今日搜尋引擎的自然延伸，是推播技術的極致改良。

不過，這也還只算演進而已，大多數軟體代理程式的功能與推播技術一樣。但對於上述分析所得的諸多問題，軟體代理程式也無能爲力。在許多零售業中，產品的一致性、訂做、收益才是關鍵因素。軟體代理系統顯然要在產品已達高度一致的領域裡，才能發揮功能。

例四，製造業：迎接改變的新能力

不管是就製造業內部或外部的改變來看，都足以說明本書所討論的主題。而資訊技術對於製造業的八個領域有明顯貢獻：

一、全方位市場導向體系
二、以企業廣域網路進行合作
三、電子採購
四、交互運作能力
五、用戶端的「瘦身」
六、知識管理
七、智慧產品
八、全球化

全方位市場導向體系　製造業廠商必須判斷，全方位市場導向體系這項重要的能力，能不能與自己目前的業務運作配合，這問題對於以通路爲主的銷售尤其重要。一家廠商可不可以又透過全方位市場導向體系直接銷售，同時又透過通路間接銷售？如果可以，該如何做到？

全方位市場導向體系不只影響產品的銷售，也影響服務。在汽車、消費性電子產品、小家電和電腦等產業，除了銷售的營收與利潤之外，維修服務也是重要的收入來源。如果這些服務可以用全方位市場導向體系而管理得更好，那會如何呢？

以企業廣域網路進行合作　有一句話恐怕已是老生常談：今天的製造業必須把供應商視爲合作夥伴，而不是可以盡量壓榨的包商。在諸如設計、測試、存貨管理、進行預報、成本削減，甚至研究發展等方面，愈來愈重視分工合作。在第四章提過，克萊斯勒汽車廠的SCORE供應商管理計劃，爲公司節省二十五億美元；麥道公司的愛羅科技的「虛擬工廠」，利用企業廣域網路爲技術平台，追求更好的分工合作目標。

電子採購　透過自動化的網路採購，可以達成非常明確的效率。在電子採購這部分，可以在兩方面進行創新：第一種是實際製造過程中需要用到的專門產品；第二種是一般需用品，幾乎各產業都要用到的辦公用品、家具、電腦、電話等等必要設備。

以一般需用品的採購來說，過去一般公司的採購部門總堆滿申請表格與採購作業手冊，非常沒有效率。想法進步的公司，爲了比較各供應商的產品與價格，並爲方便下訂單與稽核，已改用電子採購。以目前跡象來看，確實可節省成本，主要是節省了員工的時間。

許多軟體公司正在開發相關的需求標準與應用軟體。將來有一天，辦公用品的電子採購會成爲標準的商業應用軟體。最著名的例子是奇異電器公司，它只要在網站上公告將要採購的物品，就能找到最低價格的報價。奇異電器公司甚至爲其他製造廠商提供這項服務，建立新業務。新設立的QCS公司提供網路零售採購服務，也是一例。

交互運作能力　製造業有各式各樣的系統與技術，舉凡電腦主機與軟體、精密的迷你電腦、特殊的廠房設備等等，其繁多是其他產業難及的。爲了讓製造業的系統發揮最大功能，必須讓系統與系統之間可以溝通。當公司進入複雜的跨企業環境之後，交互運作能力將變得更困難但也更重要。在跨組織之間製作必要的格式、資料架構和安全檢查，一向困難。

所以，製造業如此關愛爪哇程式語言和爪哇豆物件模式（Java Beans object model），因爲它們是目前達成交互運作能力的希望所在。製造業與資訊業希望網路能達成更強的交互運作能力，以配合更複雜的資訊處理需求；若做不到，協力的過程將會停滯。

用戶端的「瘦身」　與交互運作能力有密切關聯的，就是製造業對於網路電腦與所謂的「瘦身用戶」（thin clients）的關注。很多人認爲，既能提供相容技術又能降低設備維修成本的方式，就是一個以瀏覽器爲基礎的客戶群。這對於工廠作業工人而言尤其重要，因爲現場工作人員很少能管理與維護今天功能強大的個人電腦，這也是爲什麼，現在很多工廠還在使用傳統的電腦終端機。一般而言，個人電腦還是比較適合辦公室環境。

一如資訊產業在其他發展上的誇大習慣，所謂的網路電腦在推出時是打算全面取代個人電腦的。可是這在市場的接受程度比預期緩慢。然而在此處我的重點是，數百萬台的終端機最後會被連線的智慧設施取代。

知識管理 這對於任何產業都很重要，但在製造業尤其重要，理由：在許多製造業中，產品本身必須變聰明。很快的，大多數的機器與設備將會配置先進的電子設施，包括自我診斷器、感應器，甚至擁有透過網際網路溝通的能力；今天的汽車已經做到，其他產品也將跟進。這意思很明白：製造業將必須具備數位能力，也必須學著把這種新知識融入他們的核心設計、製造和顧客服務。一定會有某些公司比別人更懂得如何轉化這些數位知識。

智慧產品 到目前爲止，電腦主要是在資料與數位資訊上展現威力，與日常生活較無關聯。但電腦應用的下一個領域，將是使得產品有能力接受並處理類比式的資料。例如可以指示方位的汽車，空調、暖氣、冰箱自行調節運轉的效率，智慧卡取代密碼與鑰匙，健身設備監視身體所受的壓力，以及各種保健與醫療的診斷儀器。

全球化 在今天的所有產業中，製造業可說是全球化程度最高的一項產業。金融服務與醫療保健有國家的限制，娛樂業受限於品味與語言，大部分的零售經銷也只限於當地。但製造業的產品在全世界生產與銷售。產品的同質性高，使得製造業的競爭相當激烈。

當然，不只是產品的市場全球化，生產的體系也走向全球化。今天，產品的設計與製造都透過日益複雜的全球供應網路，其他產業很少有這麼複雜的網路。對於全球化生產能力的管理，可謂完全倚靠現代化的資訊技術，如何做到在正確的地點和後勤支援之間有恰當的配合，已成爲考驗，因而變成競爭優勢的主要因素。

簡言之，明日全球製造業的競爭關鍵，在於如何以協力方式，做到在全世界以低成本生產、銷售智慧產品並提供後續服務。

本章的四個例子，充分說明企業正在經歷激烈的改變，而且也不能不變，以求在未來網路化的世界裡有效競爭。技術的進步開啓了機會之窗，但也將汰除過時的經營模式。

8

ＩＴ簡史及其後

從美國榮景談起

二十世紀末，美國經濟持續成長，失業率創新低，
在全球經濟的地位是三十年來最強的時期。
究其原因，乃因美國在資訊科技的投資開花結果。
與歐亞國家相較，美國在這方面的表現確實優秀。
如果各國急起直追，不論能不能趕上美國，
都會造成網路時代更全球化與更在地化的發展。

「在我們周遭，處處可見到經濟上的重大技術轉變；受益的不只是高科技業，一向與美國工業經濟不可分的製造業，也獲益良多。」

美國聯邦準備理事會主席，葛林斯潘

一九九八年六月十日，在國會公開作證

聯邦準備理事會主席葛林斯潘，不是喜歡說大話的人。但一九九八年六月，美國經濟連續第六年持續成長，他在國會演說時以樂觀的口氣表示：「長期的高成長與高度資源利用，再加上低通貨膨脹，這是很不尋常的現象。」

從全球的觀點來看，尤其正值亞洲市場持續紊亂的時候，美國經濟在世界舞台的地位，從一九六〇年以來沒有如此強大過。

大多數美國人也贊同葛林斯潘的話，覺得這一段日子以來經濟確實改善了，但直到最近許多美國人才認爲，美國經濟好轉的主因在於資訊技術。

八〇年代的資訊業：分裂但不絕望

十年前，美國電腦業的情況儘管比整體經濟好一些，但從全國資訊技術使用與全球資訊技術競爭的遠景來看，美國在資訊業是落後的。當然美國在資訊業仍居主宰地位，但在一九八〇年代末期，美國資訊業的領導者如ＩＢＭ、迪吉多、優利系統（Unisys）、王安等，個個陷入蹇境。

很多人有一個沒問出口的疑問：是不是規模較小的、重點集中的硬體公司，像英特爾、西捷（Seagate）、思科、網康等，比較能承受日本大企業如富士通、日立、ＮＥＣ、東芝等的無情殺戮？就算他們能熬過日本公司的攻擊，又會不會喪命於韓國與台灣這兩個新競爭對手？

更令人擔心的是，這時期全球各國國內資訊市場有明顯的變化。從一九八六至九一年，美國資訊業支出的成長率平均每年只有百分之七，歐洲是百分之十四，日本更高達百分之十六。日本人口只有美國的一半，但當時有許多產業分析家預測，日本資訊業的市場很快就會與美國一樣大；這在今天來看也許好笑。沒錯，在全世界經濟體中，美國的資訊業佔國內產業最重比例，但各國在技術的差距愈來愈短。

上述事實固然嚴重，但也許更糟的是，一般美國人對於進一步使用資訊技術都抱著漠視的態度，這甚至包括先進企業的領導者與分析師。美國意識到自己的領導地位動搖，於是開始質疑資訊業的能力，懷疑電腦能有多少經濟潛力。當時全美各地的企業領導者對於資訊業的看法是：電腦銷售競爭太過激烈，電腦使用的發展各自為政，雖然資訊技術不斷改善，終端使用者卻無法眞正受惠。如此一來，更難改變企業領導者的看法。

無論使用的是大型主機、迷你電腦或個人電腦加區域網路，大多數的電腦系統各有專門技術，因此大多無法相容。在最基本的系統整合層次上，交互運作還是一個遙遠的夢想。雖然企圖使用UNIX、COBOL、ASCII等新的程式語言及其他通訊協議，致力於將系統標準化，卻總是失敗的多成功的少。很多人認爲，這個混亂分裂的資訊技術市場，只不過又說明了美國企業的自私短視，而且犧牲業者與顧客利益。

由於系統基本上無法相容，大多數的組織在內部都很難傳送訊息與檔案，更別說傳送給外面的企業夥伴、客戶或顧客。因此，想發展眞正的企業資訊系統就變得更加複雜與緩慢。許多企業的使用者，尤其非資訊業的企業主管，懶得再聽電腦業的藉口與承諾，漸漸懷疑資訊業與自己公司的資訊系統管理部門，甚至出言譏諷。資訊業講得太美卻做得太少，成爲顧客心中的痛。

在八〇年代，正當個人電腦業興盛時，對於資訊業的分歧態度與不滿卻漸漸升高。個人電腦與當時的主機或迷你電腦系統很難溝通，甚至無法溝通。個人電腦之間也很難溝通，因爲個人電腦區域網路技術還要一段時間才成熟。結果，早期的個人電腦革命主要是個人的文書處理、試算表、圖形、資料庫等等應用。說眞的，我沒辦法很中立地說這時期的發展不好，畢竟蓮花公司是在那一時期打下基礎的。而馬力增強了的個人電腦，就像是BMW汽車一樣，成爲八〇年代個人化的象徵，但還未擔任一個溝通與合作工具的角色。

到了八〇年代後期，美國的電腦業已形成分裂與緊張的態勢，電腦供應廠商分成幾個壁壘分明的陣營：IBM對迪吉多，UNIX對Proprietary，MS-DOS個人電腦對蘋果電腦。而在使用者的組織中，終端使用者與企業資訊系統部門，以及企業資訊系統部門與其上司也出現對立。高階主管不在意資訊技術的價值，終端使用者也不識資訊系統功能的價值。

情勢的發展顯然不太健全，而這根本上就是一個大家一再提出的疑問：**不斷在資訊技術上投入龐大資金，到底值不值得？**

資訊技術生產力發展簡史

想確認並評估資訊技術投資的生產力，從來就是件困難的事。但不知道爲什麼，這個問題有點類似聖嬰現象，隔一陣子就會出現，引起一陣混亂，然後又漸趨平靜。

隨著資訊技術的使用增加，就更難評估資訊技術的投資報酬了，儘管電腦在各領域中已成爲不可缺少的工具。換句話說，投資報酬率評估與資訊技術使用範圍兩者之間，有一種相反的關係。也就是說，電腦在日常工作中愈普遍，就愈難衡量企業若沒有電腦該怎麼辦。

自七〇年代初期起，美國生產力的成長率就急遽下降，原因不明，這也成爲美國經濟成長遲緩的主要原因。對於生產力急遽下降的原因儘管還有各種爭議，但美國產業從四〇年代後期開始便大量投資在資訊技術上，無疑使得評估投資報酬率益發困難。

在六〇與七〇年代，電腦主要是把辦公室後台作業的功能自動化，例如在薪資表、會計、存貨管理的工作，電腦取代了打洞卡片或人工。這表示，儘管很難精確評估，但經由成本效益的分析還是可以說：電腦有投資報酬的效益。然而八〇年代的電腦主要用在辦公室前台作業，想要評估投資報酬顯然較難。這不只是因為資訊技術在全組織裡更加普及，也因為資訊技術的應用難以切割，很難說某項資訊技術的投資是用在哪方面。

另一個使情況複雜的因素是，辦公室前台作業自動化所得的效益，與減少成本或組織精簡的關係不大；辦公室前台作業自動化系統的目標，通常是提昇決策能力，改善顧客服務，縮短企業週期時間，提昇產品與服務的品質。這些策略性的改善，多半是為了維持競爭力或創造市場優勢，但沒有遇到評估生產力的問題。

由於缺乏任何實證的證據，所以一般人對於電腦價值的認知，主要來自整體企業界的概況。美國企業的主管——在全球經濟體系下不得不——到世界各地出差，他們發現，美國是世上電腦最普遍的國家，但在世界許多市場還是被擊倒。許多觀察家認為結論很明顯：電腦顯然沒有提供預期中的競爭優勢，也沒有投資報酬的效益，徒然浪費時間與金錢。

當然我們很容易嘲笑或質疑那些個領高薪的「知識」員工，他們口口聲聲說電腦能提高生產力，到頭來只拿出稍微格式化的文件和讓人看不懂的試算表。同理，新一代的伺服器／用戶端技術難以駕馭，真不知道它為什麼存在，於是成為資訊業的笑柄；在「伺服器／用戶端」中的那道斜線本是表示「與」，有人就笑稱，那代表資訊業的分裂。

傳統看法錯在哪裡

當然我們現在知道，當時的預測很多是沒有根據的。大體而言，也許美國公司成功的主要原因在於他們變得更有競爭力，因爲這樣才能生存。蓮花公司前任董事波特在一篇文章中提過，美國國內市場的競爭愈是激烈，愈能產生具有高競爭力的銷售商。企業在生存受到嚴重威脅時，將會有令人刮目相看的表現。

爲什麼一般人的預測錯誤？什麼原因造成美國最近的經濟復甦？我認爲可歸納成以下十點原因。

一、創業家精神。比起德、法、日等工業國，美國人一向被認爲比較具有開創事業的精神。在美國每年有將近一百萬家的新公司創立，一般人認爲原因是：

- 美國人心理上喜歡經營自己的事業。
- 美國文化比較願意承擔風險，不以失敗爲恥辱。
- 破產法的規定對創業有利。
- 容易取得信用與資本。

二、美國文化喜愛改變。美國人向來愛嘗新，有人說甚至是愛得過了火。在企業變化快速的時代，這種喜愛改變的個性是一大資產。美國在企業與文化上都不重形式，所以公司結構傾向於扁平，也就不重視傳統的管理階層。

三、彈性的僱用原則。這在許多方面都可看到：僱用與解僱的法令較單純；工會的規則與限制較少；員工換工作和換公司的意願較高；彈性工時與兼職工作普遍爲人所接受；員工對於以電子通訊的方式在家上班比較有興趣。過去十五年以來，美國在僱用方式上所產生的巨變，其他大工業國很少能輕易做到。美國參加工會的人數少於百分之二十，姑且不管這樣是好是壞，這一點顯然是促成彈性的重要因素。

四、解除法令上的限制。金融服務業、電信業、媒體、航空公司及其他產業，在法令上的限制得以解除，顯然也刺激了經濟繁榮。世界上許多國家現在正值改革的初期，而同樣的改革，美國在過去二十年中已完成，所以，美國企業在這些競爭激烈的產業中成爲全球領導，決非僥倖。此後全世界跟著解除限制，創造出全球性的市場，不再以國家爲中心。

五、更多的女性人口投入就業市場。坦白說，美國比其他主要經濟大國更能讓女性發揮技能，滿足事業心。從一九七五至九〇年，非常多女性進入就業市場，提供大量的人力資源。這一點對於快速成長，急需大量身懷技能的員工的新行業來說，特別重要。

六、移民潮。移民一直是爭議性很高的議題，但美國較諸其他國家而言，算是擁有比較高的移民人口，無疑對於競爭力有兩點直接的貢獻。第一，大量願意以低工資工作的勞工，顯然有助於企業降低成本。第二，每年有許多技術程度極高的移民進入美國，對於需要技術人員的電腦、醫療、基礎科學、工程等領域，是人力來源。根據商業軟體聯盟（The Business Software Alliance）估計，九八年美國資訊業有三十萬個工作機會，等待適當的技術人員。對全世界發展中國家的技術人員而言，美國是最有吸引力的國家。

七、資本取得較容易。雖然許多其他國家現在也效法美國，不過美國的創業投資制度還是舉世獨一無二的，環境也很適合新事業的開創與成長。創業投資公司不只籌募資金，還提供策略與管理上的指導，並協助召募員工，而即使有很多公司失敗，只要能讓少數幾家公司獲得重大的成功，創業投資公司的貢獻還是值得肯定的。

八、資訊公開流通。定期公佈企業的經營資料，不僅能增進投資人的信心，通常也是解決重大問題的第一步。必須先讓資訊公開流通，股東才能積極參與。許多亞洲的企業做法通常相反，只提供有限的資訊給大衆。

九、冷戰結束與和平所帶來的好處。蘇聯解體之後，美國的國防預算減少了將近百分之五十。這使得國防承包商，如洛克希德（Lockheed）、雷西恩（Raytheon）、羅拉（Loral）、洛克威爾（Rockwell）等公司，必須逐漸把經營重點放在國際與非國防的領域。美國現在的國家利益著眼點比較放在經濟而非國防。

十、技術的利用。比起其他經濟大國，美國在運用新技術，尤其是資訊技術方面，顯得更加普遍。事實上，除了人口較少的小國如瑞典、奧地利、紐西蘭可以與美國相比，其他國家都無法相提並論。從資訊業開始以來，這種差距便存在，但近五年這方面的差距更大。

資訊技術在改善生產力與經濟成長上，還有另外一點貢獻。美國經濟成長的許多新動力，如通訊業、製藥業、媒體、娛樂業，對於電腦系統十分倚賴，更不用說資訊業本身了。因此，美國對於資訊業的投資可說是一石二鳥，資訊業本身高度成長，也帶動其他產業的成長。

深入研究美國經濟成長的十大原因後，可以發現其共同關鍵都是「科技」：科技常是促成法令鬆綁的主要力量，在通訊業、金融服務業和媒體業尤其如此；科技符合美國喜愛改變的文化，美國人喜歡嘗試新事物，對於資訊傳播抱著自由流通的態度；創業精神、技術創新、創業投資與文化息息相關。各行各業採用資訊技術，對女性員工及高技術移民提供工作機會，這一點與技術的關聯沒那麼直接，但也很重要。科技對於僱用彈性也有很大貢獻。

最後是最明顯的一點：科技對於共產主義的解體與冷戰的結束大有意義。而在波斯灣戰爭中，科技充分發揮其決定性的角色，這恰巧與美國經濟的復甦相互輝映：波斯灣戰爭讓世人見識到美國科技的非凡能力，也讓人覺得，美國在其他方面必也成就非凡。

看看其他國家使用資訊技術的情形，就會了解，美國在這方面的經驗確實優秀。

資訊科技在世界各地的使用情況

電子郵件與資料庫有一個共同點：很容易促成組織的轉型。電子郵件在先進的訊息系統中，如蓮花公司的 Notes 或微軟的 Exchange，很容易使組織扁平化，並促使國家的嚴密管理結構為之崩潰。更先進的協作型工作流程，促成組織改變的速度更快。

同理，必須先清除掉銷售、行銷、顧客服務之間的障礙，才能有效使用資料庫。若欲因運用電子郵件與資料庫而獲利，也要先改變業務與文化。組織藉由運用資訊技術而獲得各方面的改造；若要有此改變，必須先使組織與文化具備高度的彈性。

截然不同的日本市場

日本和亞洲其他地方，正好與美國成對比；他們在全面使用資訊技術上的起步比較慢。八〇年代晚期到九〇年代初期，美國在發展功能日趨強大的個人電腦網路，而這時候的日本還專注於舊的大型主機電腦，也還以電話與傳眞爲主要聯絡方式。回顧過去，形成這種差距的原因至少有以下五點：

一、**文化**。日本企業與資訊業的文化比較重視硬體，新的軟體與網路化在日本的發展一向很慢。大體而言，日本企業的技術發展著重於出口，而不是在國內使用。

二、**語言**。功能較強大的個人電腦尚未問世之前，在個人電腦上處理日文裡的漢字，一向是大問題。因此，許多組織倚賴特殊的日文文書處理機，而通常又是由秘書使用。這讓人覺得，使用電腦是基層文書人員的事。

三、**缺乏標準**。日本到一九九三、九四年才有明確的個人電腦標準。不同的製造廠商所生產的個人電腦，通常無法交互運作，這就拖累了電腦的普及與日文軟體的發展。

四、**基礎建設不健全**。日本電信通訊服務的規定繁雜，價錢又昂貴。因此，提供給企業與消費者的網路服務發展得很慢。

五、**偏向大型主機**。大多數的日本資訊業廠商（富士通、日立、NEC），都有大型主機的業務，他們捨不得轉移這些獲利豐富的市場。日本的發展形態不像美國，他們沒有新公司跨入舊企業不願涉足的市場進行開發。

日本員工受這五點因素的影響，大多數到一九九五年都還沒用過語音信箱與電子郵件。而出於技術與文化的緣故，知識工作者使用個人電腦也很有限。而整個公司倚重舊的大型主機，這便限制了部門與部門之間或人際關係式的電腦使用。簡言之，在各方面與美國都有三至五年的差距。

美日兩國這部分的明顯差距，在蓮花公司的例子裡也看得出來。蓮花的個人電腦軟體在日本市場的佔有率，明顯比在美國大很多，而與微軟的競爭尤其如此。蓮花的SmartSuit軟體在日本叫做SuperOffice，若比較SmartSuit與微軟Office分別在美日兩國的市場佔有率，就可看出這差異。

儘管蓮花的1-2-3試算表引起個人電腦的革命，但蓮花早期在美國市場的領先，最後都被微軟搶走。微軟對於全套的個人生產力產品相當看好，並且搭配Windows工作平台一起銷售；而蓮花早期不看好微軟的Windows，較傾向於IBM的OS／2。正是由於激烈的競爭和當時兩大公司因敵對而生的嫌隙，使得蓮花公司犯下這最嚴重的策略錯誤。

但微軟Windows在日本推出的時間比在美國晚了許多。這使得蓮花在日本有充分時間發展自己的視窗產品，而且一直沒有失去早期所佔下的品牌優勢。今天，蓮花與微軟在日本的辦公室套裝軟體上，市場佔有率大致相當，可是在全世界蓮花只佔百分之二十五。當然，我們在日本的成功不只是市場時機因素，蓮花在日本的管理團隊一向精明能幹也是原因之一。不過這個例子主要是說明，兩個經濟大國在資訊技術的發展階段上，有著完全不同的過程。

這也可說明管理心態的改變。蓮花與微軟今天的競爭還是激烈，但已經形成務實且可合作的關係。我與比爾・蓋茲經常討論彼此的責任，不希望消費者在雙方競爭中成爲犧牲品。我們大多數的顧客也都使用微軟的 Windows 與NT，而微軟的顧客中有三千萬以上使用蓮花的 Notes。事實上，蓮花的 Domino 也許是NT進入 Fortune 2000 最大的媒介軟體。我們早期的策略是與微軟直接過招，但都沒有奏效。消費者要的是價值、交互運作、整合，而不是對他們一點好處也沒有的爛仗。

歐洲

美國人在世界各地出差時，一定會注意到，沒有一個地方像歐洲那樣麻煩。「西歐」其實是好幾個國家的組合，各有不同的經濟、文化與人口分布。因此，有關歐洲的「平均」統計數字，必須小心使用，而最好別用，這包括關於資訊技術領域的數字。有些歐洲國家的資訊業高度發展，有些很落後；爲了討論上的方便，我把歐洲國家以地理分成三區，分別討論其資訊業的現況：

北歐　包括瑞典、丹麥、挪威、芬蘭和荷蘭。瑞士位處中歐，但也屬於這一組。這一區是世界上資訊技術使用程度最高的地區之一。有各種精密的語音與資料庫應用系統，不但不比美國遜色，甚至有過之而無不及。不過這些國家人口較少，對全球經濟的影響較小。

中歐　德、法、英、比利時、奧地利等國，技術基礎建設稍微落後美國一點。在歐洲四大經濟強國，德、法、英、義大利當中，有三個國家屬於這一組，但只有英國最近才和美國一樣開始運用資訊技術，重新整頓，使經濟復甦。英國在資訊技術上的成功也許更超越美國，其他歐洲國家的領袖看到英國的成功，開始考慮改變他們傳統的經濟與社會。

南歐　義大利、西班牙、葡萄牙、希臘等國，在所有技術項目上都落在歐洲的平均水準之後。這不禁讓人聯想，也許歐洲的天氣與資訊技術使用程度正好成反比。

資訊業將更全球化也更在地化

那麼，從美國資訊業的成功經驗來看，這些技術應用模式將會對未來全球資訊業的競爭產生什麼影響？我認爲答案可能是：隨著各國都應用資訊技術來提高生產力，即將到來的網路化時代，將更全球化也更在地化。

大家常說，全球資訊網對於傳統的國家界線將有巨大的影響，最極端的看法認爲，網際網路將消除國家主權，甚至國家本身也會消失；因爲從技術的觀點來看，網路使得國界、法律和文化的區別不再那麼明顯。

確實，這觀點自有道理。個人、企業和組織，顯然比以前更擁有全球化的自由與能力。傳播學者麥克魯漢（Marshall McLuhan）很早以前就提出「地球村」的概念，認爲電視可以拉近全球人類因地理而產生的距離——今日我們看到，網際網路比電視更能實現地球村的理想。不管是資訊、觀念或討論的流傳，都比以前更快速而自由。此外，愈來愈多的工作必須倚賴套裝軟體，因此很多工作和個人將會使用相同的軟體。這也將產生全球化的效應。

不過，不要只看單單一方面。事實上，我們同樣可以認爲，網際網路其實會使地區性的文化、語言與風俗更強烈，而不是將之減弱。這是從歷史學來的教訓：二十世紀已有許多科技完全不受限於國界，例如飛機、電話、電視、無線電、衛星等等，但「國家」在二十世紀還是和以前一樣重要。

而很多人不知道，當我們愈是細看技術、商業、消費者、教育、政府和文化本身在未來的發展，愈是發現，有許多跡象是指向內部的。網際網路除了使未來世界更加全球化，也會更加在地化。

怎麼會這樣？當然，全球化不會停下來，但地區與社群的議題也會受到重視。眞正可能會減少的是個人孤立的程度，以及被動式廣播的精神。所以，地區與社群的議題及全球性的議題，會放在一起考量。這不是一廂情願的期待，而是自然會出現的結果。技術並不會使人變得更和氣、更快樂或更爲別人著想，但可以改變人支配時間的方法，就像汽車與電視一樣。

從個人電腦到網路：同質與多樣

我們總認爲，資訊技術是全球化的力量。這看法在個人電腦時代是正確的。微處理器、磁碟機、雷射印表機等硬體產品，以及文書處理、試算表、關係資料庫、群體軟體、區域網路等軟體，走遍世界都一樣；從慕尼黑到紐約到新加坡，個人電腦就是個人電腦。這些辦公室前台作業時代的產品，同質性極高，讓美國公司在全世界更容易快速擴張。美國的半導體和硬軟體公司在全球各地做生意時，儘管必須適應各地區的商業習慣、通路、銷售與行銷的習性，但還是以幾乎一模一樣的產品輕鬆賺大錢。

我們也很容易就認爲，網際網路的同質性將會使資訊技術在全世界更加擴張。不過這只說對了一半。雖然說，路由器、瀏覽器、數據機及各種網路伺服硬體與相關軟體等重要的網際網路技術，都將變成全球一樣的產品，不過在資訊技術的其他關鍵領域，未來十年裡將會維持比較純粹的在地性。請看以下五項資訊技術演進的要素：

一、**通訊的基礎建設**。今日資訊業主要的驅動力，已由微處理器的速度變成通訊的頻寬。不過，微處理器有一個較統一的發展，但通訊技術的發展是零散的，不是由單一或一組廠商所控制。有些國家會發展密集的有線電視網路，有些不會；有些國家可能積極舖設光纖，有些不會。有些國家可能依賴無線技術，如ＰＣＳ與衛星；有些國家則發展以電話爲基礎的數位用戶專線（DSL），或是整體服務數位網路（ISDN），當然有些國家兼而有之。

對於什麼是世界通用的通訊基礎建設，並沒有一個共同的見解。各國有自己的需求，而出發點也不一樣，所以會出現各種不同的基礎建設。今天沒有哪兩個國家擁有相同的海陸空交通系統，五至十年之內，也不會有哪兩國擁有相同的通訊基礎設施。

尤其重要的是，這些不同的基礎設施，將由不同的廠商所擁有及經營。將來，提供電子通訊與網際網路服務的供應商，一定會比製造個人電腦的廠商還多。雖然現在有全球性的整合，不過到最後，只有很少很少的國家，願意讓外國公司來掌握自己的資訊基礎設施。大多數國家認爲，資訊技術基礎設施是重大的國家資產，就像道路、自來水、能源、電力等系統一樣，應由自己鋪設。

基礎建設多樣化，一定會變成某些國家的程度好，某些比較糟；有些國家選擇整體而言較好的技術，有些是管理上比較有效率，有些則在政府相關法規方面處理得較完備。換句話說，基礎建設的發展，是國家競爭力的差異所在。這情況跟今天的微處理器完全不同，國家在微處理器的問題上沒有任何角色。

二、**終端使用者設備**。與基礎設施連接的終端使用者設備，在各國情況也大大不同。當然，有線電視普及的國家，才會注意有線電視選視服務的問題；沒有有線電視的國家，可能是以個人電腦或網路電視來上網。

三、**網路電腦與個人電腦**。個人電腦的外觀都一樣，但網路電腦在各國可能很不一樣。

隨著頻寬增加，網路電腦變得更可行。能夠提供最快速消費者連線的國家，可能會先享受到網路電腦。相反的，還在依賴數據機的國家，消費者就不覺得網路電腦多有用。

四、**無線網路**。全國性的無線網路，對於個人數位助理（PDA）及其他高機動能力配備的市場是關鍵角色。歐洲各國設立了行動式通訊全球標準（GSM: global system for mobile communication），因此高精密的行動電話比美國普遍，美國的市場太分散了。這種差異也可能出現在網路電腦、各種智慧型呼叫器、電話，以及其他無線通訊設施與配備。

五、**應用軟體**。推動個人電腦時代前進的，主要是包括試算表、文書處理、簡報圖表、群體軟體、資料庫、檔案列印等的應用軟體，它們雖小卻一致。在全球網路應用軟體方面，當然也會出現電子郵件、搜尋工具、聲音、影像、電話等的重要軟體。不過，對許多網路使用者而言，網路應用軟體的定義將更特定也各不相同。

全球資訊網上，有各種新聞、娛樂、購物、金融、保健、教育、訓練、謀職、政治與社會議題，以及各種聊天與個人服務，所以網路時代會比個人電腦時代更多采多姿。在個人電腦時代，對於個人電腦是什麼樣子，能有什麼用途，大家看法差不多。但在網路時代，全世界每個國家對於網路的價值各有自己的意見。

左頁的兩張表，對照出個人電腦時代和網路時代在技術與服務方面的改變。

從全球技術到地域技術

個人電腦時代	網路時代
微處理器	有線電視
作業系統	光纖
RDBMS	XDSL, ISDN
區域網路	傳送器／網際網路服務提供者
伺服器	連線服務
磁碟機	ATM／十億位元乙太網路
雷射印表機	衛星／無線

從全球應用軟體到地區服務

個人電腦時代	網路時代
文書處理	新聞／娛樂
試算表	購物／財務
資料庫	醫療保健
圖形	政府
檔案與列印	教育／訓練
	線上專業知識
	分類廣告
	聊天／個人

從全球到地區：融合與組織

以較寬闊的角度來看，資訊業在本質上的改變，以及資訊業所包含的成分，將使整個資訊業更加在地化。下圖的左邊，表示資訊業中常看到的融合：電腦、通訊、消費性電子產品、內容等四項目的融合。這四要素有共同的數位化基礎，因此將會以前所未有的方式重疊與互動。新的資訊業價值鏈將會就此產生。

下圖右邊，則描繪較寬闊角度下的資訊業新結構。硬體、軟體、通訊業儘管有相同的服務要素，但還是保有自己的層次，這就和今天的電腦業一樣。例如康柏(Compaq)很少涉足軟體；蓮花完全不做硬體；AT&T的重心完全放在通訊。圖形的右邊，顯示這幾個產業之間還是有所區分，即使產業與產業會有交集，如圖左所示。所以，硬體將會反映出個人電腦與消費性電子產品的整合；通訊反映聲音與資料的整合；內容則反映多媒體如文字、圖形、聲音、影像的整合。

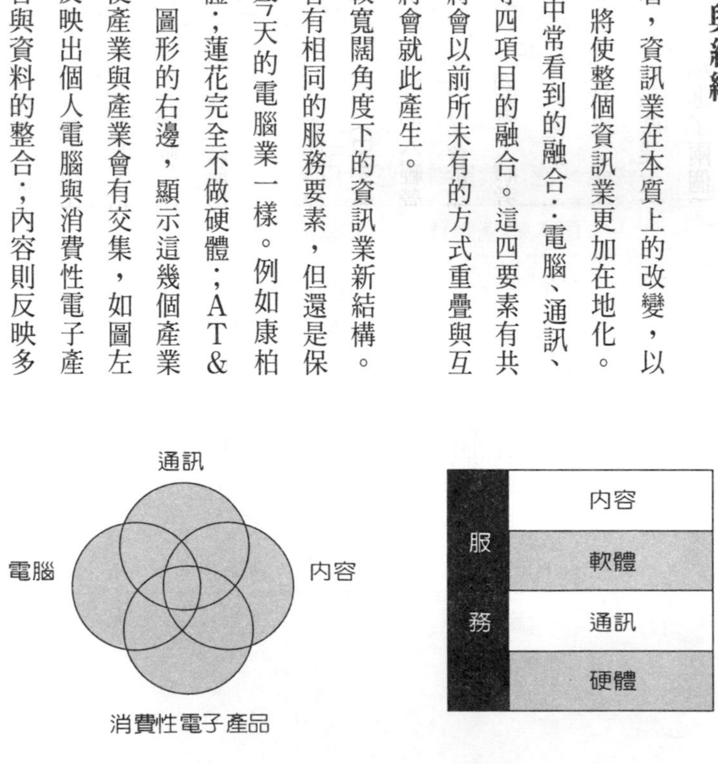

資訊產業的融合與新結構

軟體也將反映出各種資料形式的匯合，而以兩種形態出現：結構性與非結構性。「資料」仍是結構性與關係資料庫的流通單位，而「文件」將是非結構性軟體世界的流通單位。以軟體方式呈現的文件將會更加複雜，包含從文字到圖形到聲波與影像的各式物件。

前頁的圖沒有表現出內容與軟體長久以來的分裂。資訊業說要融合內容與軟體，已經講了好久，實際上卻沒有在做。只有微軟（因為錢多得花不完）在進行。其他的獨立軟體廠商鮮少眞正進入製作內容的產業。獨立軟體廠商一向把重點放在軟體工具、應用軟體及相關服務。

同理，主要在製造內容的廠商，如時代華納（Time Warner）、迪士尼（Disney）、新聞公司（The News Corporation）、道瓊（Dow Jones）等等，也不是眞想涉足軟體業。內容與軟體是完全不同的產業，由非常不一樣的人經營，在技巧與能力方面幾無可以相互借力使力之處。這兩方面的廠商將會繼續合作，但又會更加說明雙方難以進入對方的領域。

上述這些，與在地化有什麼關聯？請考慮下列五大要素（前圖的四個層次加上服務）：硬體、通訊、軟體、內容、服務。以通訊、內容、服務這三項來說，將會是在地性的，頂多發展成全國性。硬體與軟體則顯然是以全球性爲主。

此外，在個人電腦時代，資訊產業大部分由硬體、軟體和服務三者所決定，所以這段時期在本質上屬全球性。但現在加進了兩個重要的在地因素：通訊與內容。從一個大的觀點來看，逐漸在地化是可以確定的。畢竟，在地的議題足以決定資訊業五大層次中的三個。

顧客觀點

下圖也顯示從全球化到在地化的轉變，不過是站在顧客的觀點來看。左邊的圖形反映出消費者眼中八〇年代的資訊業。基本上，這時期主要的硬體與軟體都是大廠商的產品；但顧客打交道的對象多半是其他服務供應者，例如零售商、加值專業經銷商（VAR: value-added reseller）、系統整合者（SI: systems integrator），或使用者資訊管理系統組織。結果，產品廠商主宰了有關這項產業的新聞，決定了顧客對品牌的認知。

相反的，當全世界硬體與軟體產品標準化之後，新的高度組織化的網路服務便可由這個基礎上建立起來。所謂的「網路服務」，不只是可以連線上網，也不只是提供電信通訊；更引人的是在網路上所存在著的商業、資訊或娛樂等方面的服務。銀行或其他金融機構的網站能構成屬於自己的獨特網路

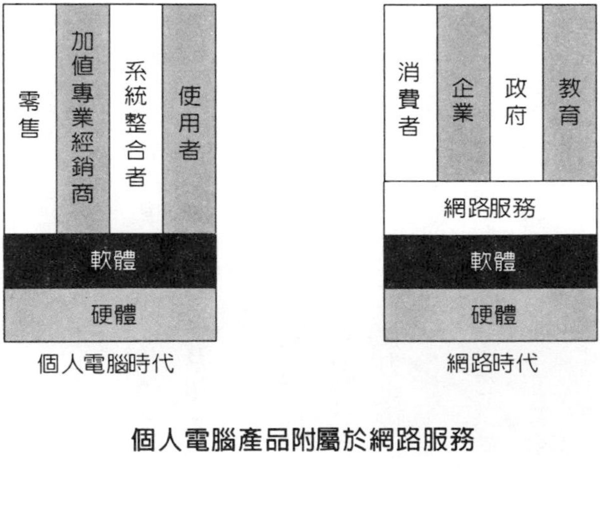

個人電腦產品附屬於網路服務

價值——這很奇怪嗎？不奇怪，因爲他們提供的網上服務比硬體與軟體更能決定消費者的經驗。

所以，不管是從消費者、企業、教育或政府的觀點來看，硬軟體產品都將逐漸臣服於附加了價值的網路服務。而由於這些服務大多屬地區性或國家性，因此也明顯有助於資訊業的逐漸在地化。

簡言之，資訊業中全球化程度最深的硬體與軟體，已漸居次要，而網路化的服務成爲焦點，以地區爲發展重心。所以，從資訊業廠商和消費者的觀點來看，資訊業會在地化。

培養全球與地方社群：以愛滋病研究與教育爲例

網路在帶動地區和全球性的行動，以及營建社區等三方面很有潛力，以下例爲最佳說明。美國健康計劃基金會（American Association of Health Plans Foundation）、愛滋病病患、醫療機構，以及爲防治愛滋病奔走的人，共同執行一項研究計劃。蓮花公司基於幾位員工的建議，參與了這項計劃，希望能提昇蓮花的技術。一方面參與地方活動，一方面展示協作型技術的能力，喚醒大家共同注意全球性的重大危機。

對愛滋病患而言，藥物的研究與測試實在是緩不濟急。首先，上千種藥物宣稱可以防止愛滋病毒的感染，或控制病情的發作與症狀。可是這些藥物在美國必須經過各種測試，才能獲得食品藥物管理局的批准上市。有人病情急速惡化，根本沒有時間等待。

這項愛滋病毒技術開發的計劃建議，蒐集世界各地病人在臨床治療上或行政管理方面的情況，整理出病人在用藥上的成功與失敗經驗，這樣就可以知道，哪項藥物或哪些藥物的組合比較有效，將更有助於開發新的有效的藥。

蓮花的員工於是建立起一個互動網站的雛型，它可以蒐集各種治療法的報告和愛滋病人的身體狀況，以及病人在治療過程中的滿意程度。將來，這個網站可以讓這個「社群」裡的人，在一個安全的環境中分享資訊，並產生可付諸行動的知識（此乃知識管理的核心目標），這是愛滋病患的一大福音。

在企業市場之外

企業如欲發揮自動化方面的潛能，也需要把消費者、學校和政府都連上線。儘管全球企業正形成共識，因爲利用資訊技術乃是競爭力的關鍵；但這種共識還未擴展到消費者、教育單位和政府。在這三方面有效運用資訊技術，既有助於建立臨界規模，也注意到地區的多元。

在教育上的應用

我們聽到許多人說，電腦在學校裡多麼重要，可是在校園裡這還是見仁見智的問題。目前沒有充分的證據可斷言，使用電腦眞能改善國民教育，不過以往的經驗不怎麼樂觀。以前有人大肆渲染，說電視、有線電視、錄影機及 CD-ROM 是很棒的教學工具，但結果令人大失所望。這使得許多教育學者認爲，網際網路只不過又是一個花俏的技術。許多人也認爲，新的經費最好拿來蓋新校舍、進行小班教學、設計新課本，以及提昇教師水準。只有在大學才普遍認爲，網路值得拿來當作教學工具。

因此，教育變成實驗的對象。沒有人眞正知道什麼是最好的教育方式，而隨著文化的不同，教育的方法也不一樣。基本上每個國家都是從零出發，所以美國並無優勢可言。

遲疑的消費者

在消費者這一方也有不同的意見與機會。許多消費者，特別是有錢人與受過高等教育的人，家中至少有一部個人電腦，不過很多人仍心存懷疑。以下是在推廣上所遇到的五大障礙：

一、**在家工作**。這是電腦的主用途之一，但只限於辦公室形態的工作。如果是園藝、建築、繪畫、烹飪、清理、電工、水管、有氧運動教練，就不太可能利用網路在家工作。

二、**娛樂**。並不是每個人都喜歡在網路上漫遊；若沒有更高頻寬的線路可用，也沒多少人願意在網路上觀賞多媒體。除了閱讀之外，大多數的娛樂具有社交功能；我們都知道，在網路上漫遊比較像是看電視而不是閱讀。

三、**方便**。網路在各方面進步很多，可是用網路來查電視節目表、繳交停車費、預定戲票或查看帳戶金額，還不甚方便。追求方便，仍然是促進網路發展的一大動力，儘管全方位市場導向體系已逐漸增加。

四、**容易使用**。除了經常在學校或辦公室使用電腦的人以外，一般人想學電腦還是一件麻煩又耗時的事。個人電腦不斷改善，卻仍是大衆市場上最複雜的電器產品，在可靠度上也比其他電器低很多。從方便使用與維修的角度來看，個人電腦比較像汽車而不像家電。

五、**費用**。即使今天的個人電腦只要一千美元，費用仍然是障礙。對於量入爲出的家庭而言，這筆錢可以做更好的安排，何況個人電腦往往三五年就汰舊換新。

當然，就算這些障礙在全世界都克服了，在地化仍然是趨勢。最後，地理上的接近對於電腦沒有影響，但對於「人」大有關係。當家庭、朋友、學校、社團成員、同事都住很近了，誰還要用網路與附近親友聯絡？

今天，美國百分之九十的電話溝通是國內電話，全球化之後也不會變多少。這並不是因爲國際電話費率太高，而只是因爲一般人的親友很少分散在世界各地，又不像有些人經常到處旅遊，大多數人不必經常與國外通訊。當然，情況隨著網路上的社群成長，這一點會改變。

整體來說，在教育與消費者方面，非常可能會因爲國家與區域而有所不同。在企業使用這一方面，來自競爭的壓力，將會帶動企業往相同的方向發展，但在教育與消費者方面，有關品味、文化、選擇，甚至審美等等的個人標準，將會成爲決定因素。光靠市場的力量，無法使所有的學校都自動化，也無法讓所有消費者都喜歡上網路。

此外，儘管使用全球資訊網的人日益增加，但許多活動還是照常進行，不受影響。美國人在家工作的情形，比亞洲許多地區普遍，因爲亞洲地區的住家大多比較窄小。在家處理銀行帳目、購物、醫療、刊登分類廣告或個人啓事，也會因國情不同而有不一樣的發展。網路的使用方式與個人電腦時代很不一樣，因爲風俗民情與法律的差異對於網路的使用非常有影響。因此，想預估消費者接受的程度，比預估企業接受的程度還要困難。

目前，想經由全方位市場導向體系來帶動企業使用電腦和企業改造，做不做得到，必須靠在家庭中使用電腦的情形很普遍。這帶來一個兩難的情況：如果不知道有多少消費者可以連線，那麼想提供新的網路服務或把舊的業務程序更新，會是很麻煩的事。

比起其他領域，消費者的使用情況，更能決定整個國家的使用形態。今日，沒有任何一個國家國內擁有電腦的家庭戶數超過百分之四十，所以，通訊基礎建設還是現階段的大事。

政府的角色

政府角色範圍的擴大，正是在地化多元成長的最好證據。格外諷刺的是，許多鼓吹全球化的人，希望政府的權力慢慢遞減。我認爲這縮減是不會出現的，至少未來十年內不可能；技術與國家的角色將繼續糾纏。地方政府與中央政府的決策，將受網路很大的影響，網路發展也受政府決策的影響：資訊技術與政府都將轉變，而且會互相改造。

記住一件事：世界的經濟運作主要還是在於各國，而非以全球爲一個經濟體。單單國際貿易很少佔一個國家經濟活動的四分之一，通常少於四分之一。在所有美國就業人口中，曾經在其他國家生活或工作的不到百分之十；數字在增加，但速度很慢。

然而，仔細分析後發現，政府的基本功能確實會受到網路影響，有些改變有些提昇，但有些完全不變。網路對於政府所造成的影響，我們可以從以下十項政府功能的改變做一番概略了解：

一、**金融與稅收**。金融與貨幣在網路出現之前就是全球性的問題。全球資本市場出現，也有了可以立即交易的流通貨幣，這使國家金融政策面臨挑戰。然而，政府仍擁有實質的金融權力與責任。亞洲政府如何處理企業的破產？美國在八〇年代後期發生信用合作社破產危機，不也是政府出面解決？

由於電子商務快速成長，稅收也成爲網際網路的話題。網路商務如何課稅，確實是一個嚴重的問題，因爲網站可以設在任何地方。不過這眞是一個新問題嗎？目錄郵購早就不受國界限制，跨國企業也一直把業務與獲利在不同稅率的地區間搬移。結果變成政府把賦稅的負擔從企業轉移到個人身上，因爲個人比較難逃稅。

雖然網際網路可能使得有關營業稅的法規較爲一致，政府卻還是有其他方式籌錢。公用事業支出在國民所得所佔的比率，由百分之二十到七十。當然各國視情況提昇或降低，但這應該與網際網路無關。

二、**國防與執行法令**。全球資訊網對於傳統軍事的影響其實是微不足道的，雖然說所謂的情報戰不可小看。不過，網路對於執行法令的確有影響。今天大家猶爭論著，電腦加密對於政府的調查能力是幫助還是阻礙，必須全世界一起解決這問題。

另一方面，在蒐集地方民情、刊登通緝通告、發布警告，以及其他社區互動方面，網路的功能不可低估。長期而言，智慧型攝影機與感應器日益普遍，將成爲重要角色。不過各國使用情形的差異可能很大。

三、**法規**。網路內容應不應加以限制或檢查，最近有熱烈討論。當然，從一個比較寬的角度來看，政府免不了要扮演一個重要的角色。以下的問題如果沒有政府介入，將會如何呢？

・無線電波的頻率如何分配？
・哪一種媒體是可以交叉持股的？
・如果打算提供補助，應該如何分配補助金，以提升整體服務的品質？
・目前被壟斷的服務何時可調高價錢？
・在家上班可以減稅嗎？

四、**商務的發展與獎勵**。政府一向鼓勵某些產業的發展，尤其是高科技產業如電腦、航空、醫療和安全。隨著網路經濟發展之後，以下問題需要政府來解決：

・哪一種研究發展需要資助？
・政府對於通訊基礎設施發展是應該投資呢？還是在旁監督就好？

・對於製造業架設網站與軟體發展中心，政府以前都有特別的賦稅獎勵，那麼，以網路為主的服務是否該比照辦理？

・政府是否該率先使用，以展示網路的潛能？

五、**收入重新分配**。大多數政府在這方面做了很多；網路在這部分不會改變多少。

六、**投票與政治參與**。這方面有許多可能性。例如在特殊議題上可直接聽取國民的意見，但也可能造成投票者不假思索就做決定的危險，如何在兩者間取得平衡，各國家會有自己的作法。不必期待事情會變一致，不過民衆對於公共事務的參與會增加，這是可以確定的。

七、**智慧財產權**。一直是大衆最常聽到看到的討論，包括了隱私權、人格權、著作權的問題。侵犯著作權與保護著作權已成全球關注焦點，而隱私權與人格權比較屬於地區性的問題。以賭博為例，任何一個人都可以在國外透過網際網路下賭注，但如果該國禁止網路上的賭博，那麼若該國國民從國外贏得賭金便是違反法律，要面對重稅與刑責。對於大多數守法的民衆而言，他們可不願以身試法。

只要能留下金錢交易的紀錄，政府的法令規定才可實行。相對的，不留下金錢交易的紀錄，例如色情網站，政府的法規就窒礙實行。不過，這是自古皆然的現象。

八、**個人隱私**。針對個人隱私或是否涉及風化問題的法令規定，在各地區或國家有莫大的差異，遠超過著作權或人格權，而各國關於使用個人資料的法令，各有不同。我們恐怕無法期待這個爭議不休的問題能獲得徹底解決。因為網路有個很複雜又兩難的隱私權問題：如果民衆想獲得所需的資訊與服務，就必須把需求與興趣告訴他人。

這顯然是信任與風險的問題。世界各地在這問題的差異必然會很大，因爲各地文化不同，有些地方的人較不願把自己的需求與興趣告訴他人。企業在以廣告信函或電話直接對消費者推銷產品時，已考慮了這方面的差異。

九、**健康與教育**。政府很審愼考慮如何在這方面運用技術。健康與教育不只是基本的公共服務，也是國際競爭力的主因。十年後，不妨看看各國的公私立醫院與學校使用科技是成是敗。

十、**資訊與統計**。這是政府很重要的工作，但始終沒做好，希望網路以其強大的收集與散播資訊能力，對此注入活力。許多重要的資料，如就業情形、收入、人口統計，只有政府才有能力收集，這是今日私有化趨勢也不太會改變的範圍。

總之，網路出現，讓世界各國政府眞正能對於國家科技競爭力有所貢獻。在普遍私有化與解除限令的時代，很容易忘記政府的作爲。未來幾年，情況會改觀，企業與政府的合作將會增加。

文化與語言上的憂慮

有人抨擊全球化會帶來危機，這麼說也許是因爲怕丟了飯碗；而罵得最凶的，是那些害怕失去自己文化的人。會有這種擔憂，是因爲早期網際網路都以英文爲主，而且內容多半是美國的價値觀。所以有人擔心，網際網路會使人逐漸喪失文化認同，甚至連語言都喪失。

這裡碰觸到幾個重大課題。第一，英文已成爲世界共通的商業語文，看起來也快要變成一般人生活中的共同語言。今天網路上很多地方只有英文——這一點我們要從寬來看，其實以整個世界來說，語言霸主的地位隔一段時間就會易主，而各種語言一直在爭取獲得主導地位。學習任何語言都必須下功夫，誰都希望，自己花時間所學的語言有最好的投資效益。

這種語言上的變換，不是網際網路造成的，但我們有理由相信，網路會加速這種改變。公司如果希望，自己生產的書籍、報紙、電影或電視節目在全世界能吸引最多的人來觀賞，可能就會用英文製作。而這一類的產品，基本上都屬於軟體式的經濟，也就是量愈大愈有經濟規模。購買美國的電視節目到自己國家，費用絕對低於用自己的語言自製相似的節目。這將使得購買國的製作缺乏競爭力——是這一點令人擔憂。

從消費者的角度來看，這種趨勢極可能會變成一種循環：學習了英語，在商業、社交和文化進展上，比較有好機會；而在商業與娛樂中愈是使用英語，則學習的誘因愈強。這種力量在短時間內不會改變。在歐洲，法文、德文、英文三者並駕齊驅，但在亞洲、拉丁美洲、中東，第二語文幾乎都選英文。

不過，這當然會引起抗衡，甚至是以國家方式在對抗。其實，這是因爲網路與電視能提供內容的空間大幅增加了。以前電視受限於無線電波頻率的容量，頻道數只有幾個，到了有線電視與衛星時代，輕輕鬆鬆就有五百個頻道的系統。網際網路的內容容量又更多。

如果不從全球各地尋找內容，要那麼大的容量做什麼呢？想製作五百個電視頻道的法語節目，眞的是力不從心，丹麥語或挪威語的情形亦同。所以只好借用其他地區的節目，才能充分利用今日科技的潛能。這也不是什麼新鮮事，許多小國一向如此。丹麥人口只有三百萬人，把許多書都譯成丹麥文其實很不經濟，所以許多丹麥人都能閱讀英文或德文。

不過，千萬別把這和文化認同給搞混了。重要的新聞、娛樂及文化形式，大多還是使用當地語言。當地的節目可能必須與全球性內容的節目共用舞台，但絕對不會被取代。能夠觀賞ＣＮＮ、ＭＴＶ或美式足球超級杯，到底是幸或不幸，你自有見解；但這些節目不會成爲任何美國以外國家的文化核心。

凡事有得必有所失，網際網路也一樣。每一個法國人都看得到英語節目，而在加拿大、東南亞、非洲等地，你是講法語的人也可以收看到法語節目——如果沒有數位革命，這種可能性無從存在。非英語節目的全球市場已在美國造成流行，亞洲、中東、拉丁美洲的移民或流亡國外的人士，已可以看到自己本國語言的節目。有這些事實擺在眼前，你甚至可以說，網際網路事實上有助於保存若干也許可能會消失的語文。

每一條線都有兩個端點。技術的全球化趨勢將會使英文更加普遍，因爲需要一個共同的使用基礎。儘管有世界語（Esperanto）存在，但至少在目前還不成氣候。使用中文的人口最多，有朝一日可能成爲世界共同的語言，不過在電腦世界裡，西方的拼音文字還是比中文方便。

英文成爲全球資訊網的主要語言，可是網路超越國界，讓每一個人在任何時候都可以立即接觸到母國語言，反而增加了使用地區語言的機會。更重要的是，網路成熟之後，全球應用軟體與服務將會使各種語言的使用增加，就像電視與報紙的情況。今天網際網路有一半以上的內容是英文，可是在五年之內，這個比率會逐漸下降。

因此，網際網路使得世界更全球化也更在地化；在內容方面，眞的是如此。

9

全球競爭者點將

當資訊科技展現經濟威力

八〇年代末與九〇年代初，美國處境艱難，
亞洲則欣欣向榮。十年後，想不到美國反敗爲勝；
而亞洲的地位以想像不到的速度在衰退。
這是全球競爭下的結果，技術展現了經濟力量。
至於日、法、德等已開發大國，
現正面臨資訊技術發展上的諸多挑戰。
在這以網路技術爲基礎的全球競爭環境下，
資訊技術上的落後，意味著經濟實力的弱勢。

九〇年代，諸如電子郵件、語音信箱、關係資料庫等資訊技術，與美國的經濟和文化的特質發展出一種威力強大的增效關係。

美國率先採用這些技術，歐洲跟進，亞洲也很快趕上來。在接近千禧年之際，技術又大幅更新，這並不讓人意外。今天，以網路爲基礎的電腦使用方式和全方位市場導向體系，都需要利用全球資訊網當作商務媒體，這已蔚爲企業風潮。

從每一個標準來衡量，美國在資訊技術的使用與成就上顯然是領先群倫的。這使得美國在已開發國家中重新取得經濟主導地位。不過，美國到底領先其他國家多少呢？

美國的領先程度

在收集全球資訊技術使用的資料與統計數字方面，國際資料公司（International Data Corporation）是全球最權威的公司。該公司收集了美、日，以及歐洲的德、法、義大利、英等國，有關資訊技術使用的重要資料（見左頁表）。國際資料公司定出資訊技術使用的五個項目：員工有連線資源的百分比；上網人口百分比；企業使用內部網路的百分比；擁有個人電腦的人口百分比；資訊技術支出與國內生產毛額所佔的比例。

當然，想要跨越國界收集到精確的資訊，並不容易；各國有自己獨特的資訊技術文化，這就更難整理出一個接近事實的描述。例如，法國的網路使用人口偏低，至少有部分原因是法國採用獨特的極微電傳視訊（minimal videotext）系統。

儘管如此，從國際資料公司所提供的資料，還是可以看出全世界資訊技術使用的概況。值得注意的是，美國在各項都領先，義大利在五個項目都敬陪末座。以下仔細討論各項資料：

一、**員工有連線資源的百分比**　沒有一個國家接近市場飽和的程度。企業很難判斷，員工當中誰需要上網誰不需要。不過，企業內部網路已成爲媒體業與大型組織內部溝通的主要模式，所以大多數員工很快就會獲得內部網路的軟硬體；一旦如此，對外接上全球資訊網就只是政策問題，也許可以採用類似外線電話的方式，不過這在管理上可能比較麻煩。

二、**上網人口百分比**　包含企業、消費者、政府及教育上的使用。這部分的數字顯示出意義重大的訊息。美國的人口總數多，上網人口的總數也多，因此在絕對值上是其他幾個經濟大國的五到三十倍

	員工有連線資源 %	上網人口（百萬）	企業使用內部網路 %	每百人擁有個人電腦數	資訊技術佔 GDP %
美國	32%	29	23%	27	3.9%
日本	23%	5.9	7%	20	2.0%
法國	16%	1.2	2%	19	2.4%
德國	24%	4.3	15%	21	1.9%
義大利	14%	0.8	2%	10	1.6%
英國	21%	3.1	5%	23	3.1%

1997年　各國資訊技術使用情況　統計資料比較

不等。還記得梅卡菲定律嗎？由全球資訊網臨界規模所產生的效應來看，絕對優勢比相對優勢重要。

三、**企業使用內部網路的百分比**　這一項主要取決於企業規模。以財星一千大企業的規模而言，使用企業內部網路的比率已達百分之七十，而且迅速上升。但小公司改變的步調比較慢。儘管如此，除了德國之外，美國與其他幾國的差距還是很可觀。企業內部網路是電子商務的先決條件，這項資訊技術的落差具有深遠意義。

四、**擁有個人電腦的人口百分比**　網路電腦與網路電視尚未普遍設置，所以個人電腦與人口的比例，應該還是資訊技術普及度的最正確指標。從資料上可以看出，美國對其他國家領先四到八個百分點，而義大利落後很多。另一方面，這個市場都還沒有飽和，尤其是在家庭與學校擁有電腦的數字極低。包括美國在內，世界各地都需要更低廉的價格與更容易使用的產品，才能使擁有個人電腦的人數與上網人數增加。

五、**資訊技術支出在國內生產毛額所佔的比例**　這也許是五項中最有趣的總體經濟指標。不過，這也是最難衡量的。企業花在內部資訊系統的薪資、訓練及相關活動，很難精確計算出來。不過，美國在這方面遙遙領先，反映出九〇年代美國在資訊業的持續投資。至於日本在資訊技術的支出波動較大，時高時低，有時零成長。歐洲在這方面的支出穩定成長，但比起美國還是低。

亞洲其他地區

其他地區與國家的情形如何呢?根據國際資料公司的數字，以上六個先進國家的國內生產毛額佔全世界的百分之六十五，並且大約佔全世界資訊技術支出的百分之七十五。其他資訊先進國家包括加拿大、澳洲、紐西蘭，以及歐洲的丹麥、挪威、瑞士、荷蘭。

一般而言，亞洲的投資程度比歐洲低，只有韓國、新加坡、馬來西亞、香港和日本名列國際資料公司世界電腦化國家的前三十名。所謂的「新興大市場」(big emerging market)，如中國、印度、巴西、奈及利亞、印尼等，排名在最後。美國無疑是今天最大的資訊技術市場，但如何維持這個地位?回答這個問題之前，我們先看看亞洲與日本的情形。

亞洲金融危機

從資訊業的觀點來看，日本佔整個亞洲市場的三分之二，在各項產業上，日本甚至是美國的主要對手。過去二十年來，美國與日本的企業彼此敬畏。

然而，自從亞洲金融風暴在一九九七年底發生後，觀察家開始用地區性的觀點來看亞洲經濟。的確，日本、韓國、泰國、印尼、馬來西亞等國，同時發生嚴重的經濟與金融危機，這決非巧合，顯然有一些共同的因素。

亞洲的企業與銀行形成一種「密友資本主義」(crony capitalism)，景氣不好時，銀行呆帳過高，形成金融風暴，匯率跟著下跌。也許你會問，銀行呆帳、匯率下跌，這與資訊技術何干？事實上，亞洲金融危機與資訊技術之間的密切程度，遠超過一般人所能想像。今天大多數地區性的金融危機都是因爲競爭力出了問題，而缺乏競爭力多少和技術落伍有關係。以下就三點因素加以討論：

一、**企業破產**。許多亞洲企業涉足各行各業，結果沒賺到錢，因此發生危機；沒有盈餘，於是付不出貸款。爲什麼賺不到錢？因爲他們所投資的汽車、個人電腦、銀行等等，在全球市場上被更強悍的競爭者擊倒。今天在許多產業只有最頂尖的廠商獲得利潤，其他廠商只是過得去而已。在二十世紀行將結束之際，從技術應用的程度就可清楚區分，誰是領導者，誰是跟隨者。

二、**市場資本化**。許多亞洲公司被嚴厲批評爲資產負債比太高。缺乏利潤固然是原因，但信心不夠也是因素之一。過去幾年，投資人的期望一直向下修訂，許多人認爲亞洲股市以前一定被高估了，但，眞的高估了嗎？

八〇年代後期與九〇年代初期，許多人對於日、韓等亞洲國家滿懷希望，認爲他們將在全球產業中更上一層樓。如果亞洲國家確實攻佔了半導體、個人電腦、資料通訊設備、行動電話、衛星技術、列表機、存儲器等產品的市場，那麼現在回頭看，過去的期待還太低估他們呢——換句話說，許多人過去預期亞洲應該賺到的錢，被美國給賺走了。我們談的是在亞洲落了空的數兆美元市場。這是從競爭危機（通常直接與技術有關）轉變成金融危機的例子。

三、**企業減肥**。亞洲的危機如何補救？西方債權人與國際貨幣基金會一致認爲，亞洲公司必須放棄不良業務，專心經營成功的業務。基本上，這帖藥方就是「企業減肥與組織重整」，而良藥苦口利於病，美國在八〇年代後期，就是靠這一帖起死回生。

不過，企業減肥與組織重整通常只是大裁員的婉轉說辭，大多數亞洲公司不願這麼做，員工也沒有心理準備。一些日本與韓國的公司，好像寧願大家一起關門失業，也不願裁員。這是東方的強烈集體意識。

相反的，美國三大汽車廠和ＩＢＭ等公司也不願意裁員，卻還是裁掉成千上萬的員工。因爲他們找不到其他出路，只好壯士斷腕，甚至忍受譏嘲，但最後都可以反撲。現在輪到亞洲遭遇同樣困境，如果也能咬緊牙關撐過，讓組織瘦身，便能用技術彌補知識的差距。

亞洲（歐洲也是）有許多人認爲，美國資本主義最無情的地方，正是它以技術取代人力。話是沒錯，不過另一方面，技術革命總會改變工作的形態。事實上，ＩＢＭ、ＡＴ＆Ｔ及其他美國大企業，以前也都有不裁員的政策，只不過大家都忘記了。唯有在市場的壓力之下，才不得不放棄傳統做法，改用別的方式。

今天大家告誡亞洲人，就採取美國作風吧，你們的終身僱用制現已成爲缺點。亞洲似乎得在極短的時間內，接受這種思想上的大轉變。這個可怕的訊息令亞洲人覺得惶恐不安，甚至引起忿怒。對一般百姓而言，金融風暴帶來的是這種感受。

可是，觀察家認爲，除此之外別無他途。如果亞洲不必像美國一樣進行痛苦的組織重整，也能找到出路，那麼我們會發現那才是比較好的「亞洲之道」。然而，如果找不到出路（看來愈來愈難），那麼我們應該都有所體認：以技術進行組織重整，並非只是美國的時髦玩意兒。在這種情況下，我們現在都是技術人。

在八〇年代後期與九〇年代初期，美國處境艱難，亞洲則欣欣向榮。如果美國繼續走下坡，亞洲也許會有無限榮景。想不到美國反敗爲勝，來勢洶洶；亞洲的地位正以想像不到的速度在衰退。美國股市創造出數兆美元的新財富，而亞洲股市下挫引起金融崩盤。這是全球競爭下的必然結果，也是技術展現力量的結果。

日本的技術利用

由於技術、文化、語言等的因素，資訊技術在日本的使用比美國及其他西方國家慢許多。雖然近幾年小有進展，不過今天在日本想要普遍使用資訊技術，至少遇到五種障礙。

一之一、**電子郵件**　日本普遍使用電子郵件大約是在一九九四年，此後益發普及。現在日本商務人士在名片上一定印有電子郵件地址，大大不同於九〇年代初期。年紀較大的主管對於打字還是有抗拒心理，不過今天的日文鍵盤與軟體已可以有效處理假名與漢字。

另一方面，日本在遠距與機動的企業訊息系統上，使用程度遠不如美國與其他地區，因爲大多數日本人寧可在辦公室加班到很晚，也不願意在家工作。也許更重要的是，電子郵件還沒有造成顯著的組織扁平化，因爲很少組織把節省開銷當重點。然而，電子郵件已使公司的溝通更開放與暢通，對於傳統階層管理制度是一項重大的改變。

一之二、**語音信箱**　語音信箱還很少人使用，原因很多。日本辦公室仍有許多秘書人員，所以很少發生電話沒人接聽的現象。有些顧客認爲這套系統的價格太高，但眞正原因是日本人通常會幫忙接聽電話，這在美國很少見。我個人對於語音信箱也沒有好感，覺得是電子協作型軟體中最沒有價值的。日本公司有語音信箱系統的，大多是國際性公司。

二、**網際網路與全球資訊網**　在使用全球資訊網這方面，日本落後美國至少十八至二十四個月。一九九八年初期，日本在網路的使用上，還停留在「首頁與電子郵件」的階段。有不少組織雖然使用網路，卻心存懷疑，認爲這只是一時風尚。

說得更明確一點，當美國公司已經用全球資訊網建立起全方位市場導向體系、企業內部網路和廣域網路，甚至整合成面向市場企業時，日本人大概還沒見識過這些系統。少有消費者透過網路交易，這部分的法令問題更是複雜。企業內部網路很有限，大多只用作內部資訊的公布。而儘管日本有著綿密的供應鏈系統，但企業廣域網路沒有建立起來。許多日本高級主管告訴我，製造商與供應商仍然喜歡面對面溝通，尤其是企業總部設在東京的公司。

三、**知識管理**。許多日本公司期望，在未來能以知識管理爲他們最大的競爭優勢。畢竟，日本的企業文化是以群體作業與知識分享爲中心，而且日本的傳統生活方式一直是分工合作，再加上終身僱用或者等同於終身僱用的制度，其實很適合訓練、教育與知識發展。不過，對許多日本組織而言，把無言的知識轉變成明說的知識是一項挑戰。資訊大家能分享，但通常沒有寫成白紙黑字，多半面對面傳授。

四、**基礎建設**。日本直到一九九七年通訊業才稍微開放，不過終於開始眞正的競爭，價錢也開始下降。日本通訊基礎建設的長期方向還不很明確，不過已經出現許多有利的發展。在這本書寫作的期間，日本電信公司ＮＴＴ的壟斷局面可能被打破。

五、**臨界規模**。整體而言，日本使用個人電腦的人口持續上升，但是因爲經濟不景氣，所以無法大幅成長。而由於上網人口有限，使得開發網路內容的廠商缺乏發展誘因，許多出版社與媒體仍然不太願意把自己最有價值的資訊連上網路。這就形成惡性循環。此外，日本在國民教育使用電腦的成果不比美國好，也許更差。

不過很有意思的是，日本製造業通常是最先進資訊的使用者。這些廠商身處全球競爭最激烈的市場，因此比較熟悉西方使用電腦的情形。相反的，日本的金融與保險業就比較孤立於世界潮流之外，所以在技術上比較落後。一九九八年下半年，日本金融業的法令開始解除限制，許多人期待情形會快速改變。

日本在許多產業中仍是世界級的翹楚，如汽車、電子、鋼鐵與其他金屬、機械、紡織等等，而許多世界最大的銀行與保險公司是日本公司。很難想像這些公司對於眼前的技術挑戰視若無睹；時間有限，他們趕上的速度卻慢得讓人嚇一跳。由於日本的資訊技術發展遲緩，他們能不能徹底改變，實在成問題。

地區綜合概述

亞洲是個多元地區，很難一以概之。不過，仔細探討後仍然可以得到以下四點結論：

一、**製造對使用**。一般而言，亞洲地區（包括日本），比較重視製造資訊業產品，而比較疏於使用。台灣、韓國、馬來西亞、泰國、新加坡、菲律賓、印尼等地區，已然是全球資訊業供應鏈的重要環節，中國也加入了。這些國家一向認爲，在高科技產品中爭得一席之地，乃是重要的商業目標與國家目標，然而，電腦的使用直到最近才受到同等的重視。有些地區資訊技術的使用不夠普遍，例如台灣與韓國。這讓人想起一句諺語：鞋匠的孩子沒鞋穿。

二、**語言障礙**。以日本爲例，發展有效率的語文處理系統，比歐洲要花更長的時間。尤其在講中文的地區，以漢字爲基礎的系統在作業上還是有困難。在新加坡與香港（深受英國殖民的影響），電子郵件與其他商務溝通常常使用英文，甚至完全用英文。英文的使用太普遍，即使他們的母語是中文，中文也逐漸沒落，以新加坡最爲明顯。可是在中國或台灣，顯然不可能以英文爲主，他們也不願見到這種改變。但中文在電腦的使用上是一個大障礙。難怪澳洲、紐西蘭，香港、新加坡，成爲亞太地區四個最高度發展的資訊技術市場。

三、**受保護的資訊市場**。以日本爲例，最全球化的產業是製造業。相反的，金融、保險、媒體等服務業，通常都受到保護，或比較少與世界其他國家直接競爭。幸好亞洲地區最近經濟發生危機——這促使他們改變。不過，在網路上以位元爲基礎的產業要做到像美國一樣興盛，可能還要一段時間。

四、**大型基礎建設計劃**。比起世界其他各地，亞洲政府參與國家電子通訊基礎建設的程度更直接。馬來西亞與新加坡最爲顯著，不過亞洲各國都很願意投入鉅資，發展先進的基礎建設計劃。這項投資將使亞洲地區可望迎頭趕上西方，甚至超前。這種方式與美國截然不同，所以，新加坡與馬來西亞的經驗值得深入探討。

基礎建設大躍進：新加坡與馬來西亞

過去幾年，新加坡與馬來西亞以行動宣示了要加入世界知識經濟國家的行列。馬來西亞的多媒體超級走廊計劃（Multimedia Super Corridor Project: MSC），以及新加坡的ＯＮＥ計劃，展現出積極發展並利用先進高頻寬的基礎建設的作風。這兩項計劃都引起當地與國際的注目，馬來西亞的尤其值得關注，因爲馬來西亞在技術上完全沒有任何地位，而新加坡素來是亞洲電子通訊基礎建設最先進的國家，亞洲許多國際技術公司的總部也都設在新加坡。

儘管背景與遠景有很大的差異，這兩項計劃至少有四個主題是相同的：

一、**由政府帶領**。馬來西亞是由總理馬哈地主導。這位國家領導人了解資訊技術的重要性，全心投入，滿懷理想，對於多媒體超級走廊計劃能爲人民帶來什麼，觀念非常清楚。我與相關人員見過幾次面，我相信這個國家在總理領導之下，前景非常明確。我曾參與幾次多媒體超級走廊計劃的會議，印象深刻。而新加坡的全國電腦局是全國資訊技術政策的指導單位，我與電腦局局長討論過好幾個小時，他對資訊業的願景著實令人眼睛一亮。

二、**高頻寬基礎建設**。馬來西亞國土面積較大，所以在吉隆坡附近選擇一塊長三十英哩寬十英哩的地區，成立新的商務中心，叫做Cyberjaya，另外在政府單位中設立新職，叫做Putrajaya。至於島國新加坡，則計劃將全國以ADSL或有線數據機技術，連結到高速通訊骨架。新加坡的計劃是全國性的，而馬來西亞基本上是發展特區，在特區內減免稅捐、僱用的法律較寬鬆，也充分保護智慧財產權。

三、**商業與社會應用**。這兩國在應用領域上，都定下相似的優先順序。馬來西亞定下七個領域：研究發展、電子化政府、智慧學校、無國界行銷、智慧卡、製造業、遠距醫療。新加坡強調電子商務、新聞與資訊、連線教育、遊戲與娛樂、政府服務、視訊會議，以及快速連上網際網路。整體而言，馬來西亞較注重經濟發展，新加坡則提供全國服務的平台。

四、**競相在亞洲投資**。前面提到，新加坡是東南亞的商業中心，爲充分發揮這個角色，新加坡已經從製造業脫胎換骨，目前有許多管理與知識的員工。馬來西亞以較低的成本與其他獎勵措施，希望造成相同的榮景。到一九九七年十二月，已經有三十四個世界級的企業到馬來西亞的多媒體超級走廊設廠，這當中包括微軟、蓮花、甲骨文、昇陽。

此外，新加坡與馬來西亞都想培植本土的技術公司。新加坡在電腦聲效、磁碟機等領域有一定的地位，所以已經走出自己的路。

新、馬這兩個計劃最重要的共同點，就是決心長期投入。儘管馬來西亞有嚴重的經濟危機，還是明確表示要照時間表完成。新加坡宣稱在十年內要成為「智慧島」，目前正努力朝目標邁進。從經濟觀點來看，世界都在注意這兩個由政府主導的計劃今後的發展，比較採取放任主義的國家，尤其是密切注意。

趕上資訊技術的風潮

不只是新加坡與馬來西亞，其實亞洲地區都開始有一個共識：必須把「趕上西方國家在資訊技術上的使用」當作國家的優先目標。以目前亞洲地區所遭遇的問題來看，缺乏資訊技術也許只是部分原因，但亞洲知道，這是一條必須走的道路。也許這地區的最大挑戰在於堅持：再艱苦，也必須對技術能力投下鉅資。

亞洲正在努力，否則二十一世紀就會出現一個矛盾。人家常說，二十一世紀是亞洲的世紀；但人家也說，二十一世紀是資訊的世紀。假設目前東西方的資訊技術差距仍然存在，這兩種說法就不可能同時存在。

如果亞洲在資訊的使用能趕上西方，世界權力的平衡狀態一定會改變。然而，這改變需要時間，而且必須先在資訊技術上用心。亞洲的進步幅度，可能將成爲世界競爭最重要的決定因素。

歐洲

歐洲資訊技術環境的優點不難發現。歐洲就像美國，發展與應用先進資訊技術的歷史比較長。歐洲在軟硬體和應用軟體上的專業知識，也是難以超越的。歐洲人普遍受過高等教育，知識與服務業發達，這些都有利於發展先進的資訊經濟。事實上，目前歐洲是位元化社會最好的代表。

還有許多因素顯示，歐洲非常適合進入網路化的時代：歐洲的公用事務可得益於有效率的資訊與服務傳送系統；歐洲聯盟可以——至少在理論上——協助處理未來無可避免的問題，在安全、隱私權、電子商務、稅務上建立歐洲各國的共識。

歐洲各國的文化同質性頗高，應該能以開放的態度，接受先進的知識管理與企業分工合作。歐洲的人口逐漸減少，所以普遍都認同，必須增進員工生產力。

儘管有這麼多的優點，歐洲在九〇年代卻錯失良機（只有英國）。一九九二年，歐洲許多經濟大國誇稱要經濟整合，結果成長趨緩、失業率增高、國際競爭力下滑。

歐洲只有行動電話與企業管理軟體這兩項大放異彩。歐洲普遍接受GSM標準，使得行動電話比美國普及。所以，行動電話製造廠商如諾基亞（Nokia）與易利信（Ericsson）成爲世界通訊領導廠商。德國軟體大廠商思愛普與規模較小的荷蘭博恩公司，也顯現歐洲在企業管理軟體方面實力頗強。

但在其他地方就沒這麼讓人開心了。歐洲的電腦硬體製造商全都不見了，大部分的歐洲軟體與服務供應商也無法與美國對手並駕齊驅。一九九二年，歐洲資訊業市場大致與美國相等。今天，美國市場比歐洲大一半。從網際網路與全球資訊網的觀點來看，歐洲大約落後美國兩年，這在快速變遷的領域裡是很大的差距。歐洲不能再像過去十年那樣浪費時間。

展望未來，歐洲領導者提出若干行動與機會，可望協助歐洲經濟走出蹣跚。有趣的是，他們倡議的三個行動，都有一個重要的技術特點。

一、**貨幣整合**。經過多年的討論，從一九九九年元月一日起，歐陸統一使用歐元爲歐洲貨幣單位。儘管大多數針對歐元的討論都集中在政治面，甚至國家主權層面，但對於技術層面至少有兩點値得注意：

其一，爲了改成歐元制，目前絕大多數的資料與交易處理系統都必須轉換，這將是歷史上最大宗的軟體升級事件。對歐洲而言，這問題比Y2K還嚴重。這部分的進展究竟能多快，牽涉又會多廣，迄今無人知道。有些國家也許在一段時間內會同時使用兩套制度。如何妥善處理這史無前例的金融問題，將考驗歐盟是否眞正能以一個政治實體的方式運作。電腦技術將是處理過程中的重點，而眼前這幾年會很混亂。

其二，歐洲單一貨幣的出現，有助於未來歐洲電子商務的發展，因爲將可達成臨界規模。在今天分裂的歐洲市場上，很難達到足夠的經濟規模。有了共同的貨幣與共同的商事法規，將可促進整個歐洲的股市買賣、旅遊服務、金融、保險，以及其他知識密集的行業。如果沒有創造出同質性高的市場，網路商機將很有限。

二、**電子通訊方面的限令解除**。電子通訊解禁現在是歐盟的政策之一。早就該解除這方面的限制，但改革會造成衝擊。歐洲的程序與美國不一樣，歐洲是在地區電話、長途電話、國際電話服務等三項同時解除限制。不過，在幾年前就定下轉換歐元的日期，所以全歐洲都知道一九九九年一月一日要發生什麼事，也許歐洲在這方面早有充分準備。歐洲一向高昂的電話費率，終將降低到和美國一樣。

電話費率太高，一向是高層次網路應用的主要障礙。從一九九四年到九六年，歐洲人上網路的費用比美國貴三到五倍。更重要的是，電子通訊最開放的市場如英國與北歐，往往也是經濟能力最強的國家，這絕非巧合。當然，大部分歐洲人希望，電子通訊與其他限制在全歐陸都能解除，讓其他地方也能共享其利。

三、**東歐**。原本被前蘇聯控制的東歐國家，如果在經濟上能穩定成長，將提供西歐長期成長的力量。東歐國家將繼續內部的改革，並應付因市場開放經濟所衍生的各種問題，不過他們長期對西歐商品與服務的需求，對於歐洲其他多已飽和的市場是一條出路。

未來的難題

從資訊業管理的觀點來看，也許未來幾年最需要做到的是獲取資源，以及建立優先順序。值此千禧年行將結束之際，許多歐洲大公司將會要求自己的資訊技術組織做到以下幾點：

一、處理千禧蟲問題。
二、支持歐元，無論歐元日後如何演變。
三、善用電子通訊改革。
四、在全球資訊網的使用上向美國看齊。
五、繼續提昇關鍵使命的業務。

更加困難的是：資訊業的組織，必須在有限的經費內達成上述這些事。別忘了，錢還是很重要的。但美國能在資訊業領先，是因爲美國在這方面有所投資，一九九二年起，每年的成長率都是兩位數，而且還沒有停下來的跡象。

而歐洲每年預估都只有百分之七到八的成長率。也許是因爲過去幾年有顯著的改善，但面對未來巨大的挑戰，實在有理由質問，這樣夠嗎？光是歐元和Y2K的問題就可能消耗大部分新增的經費。在這種情況下，歐洲網路的應用將會落後許多。

不過，最大的挑戰主要還是在文化方面。大多數歐洲人在各方面似乎比較抗拒改變，而不是去適應改變。這種抗拒以許多形式存在，如缺乏彈性的勞工法規、過度的規定與保護、缺乏創業精神等等。這樣的影響是很明顯的：企業與經濟整體改變的速度，顯然比美國、亞洲及其他新興國家慢。

技術如果沒有顯著改變，所帶來的好處也就只有這些而已，只是改善了目前的生產與作業模式，而無法提升競爭力。道理大家都知道，做起來卻不容易。歐洲的挑戰，在於必須完成許多他們心知肚明自己必須做的事。

10

政府，以及其他路障

改變，才剛剛開始……

我們正進入一個逐漸網路化與無線通訊的世界，

不論這是好或不好，企業要一個這樣的世界，

消費者的需求也促成這樣的世界，

技術改變的動力更向這樣的世界招手。

遠景在即，但面前的阻礙其高如牆。

若要發揮資訊技術的潛能，必須盡速除去障礙。

未來的挑戰與風險有以下四端：

技術的極限；缺乏標準；需求不足；政府的干涉。

美國的未來，以及世界的未來，都日漸與科技的未來密不可分。那麼我們眼前有一個問題：這種情況可以維持多久？

在影響企業演進的各種社會、經濟、文化面的複雜因素中，資訊技術只是其中之一端；其他因素比較難預測，而技術力量的增進至少看得見。我們的世界充滿遠景，但阻礙合作的障礙其高如牆。若要發揮資訊技術的潛能，必須盡速除去諸多障礙。未來最大的挑戰與風險可分成以下四個範圍：

一、**技術與人類的極限**。我們對於技術的期望，有些可能無法達成。我們一直要求更精密先進的系統，但工作人員的技術與能力也許有一天會跟不上。

二、**業者未能建立標準**。就算今日我們擁有技術能力，但產品現在彷彿能交互運作的情形，可能只是暫時的假象。在資訊業的特殊競爭形態中，還看不出有一套有效的「公開標準」。最近兩年情況稍稍好轉，但以過去二十年的經驗來看，情況極可能會倒退，變成同業互相殘殺。

三、**需求不足**。假如技術精進，標準出現了，仍然可能會冒出兩個問題：企業可能覺得，自動化的價值已到極限，或消費者覺得網路服務不見得那麼有必要。我個人覺得，這兩情況出現的可能性不大，但資訊業要做到讓顧客感到滿意，而不是我們自己滿意就好。

四、**政府干涉**。網際網路的使用現在大多沒有受到限制，但政府可能會爲了商務、文化、政治、公平、安全等理由，對網路提出限制。在網際網路的限制上，我預測會有兩大問題：商務流通的限制與資訊流通的限制。

以下就深入探討這四個範圍的風險與挑戰。

一、技術與人類的極限

雖然技術發展神速，不過未來的發展還是會有若干限制。

其一，在**硬體**方面。未來連線式企業在作業上所需的電腦功能與儲存能力，今天已經大致具備。以桌上型電腦而言，未來微處理器所增加的功能，可能在於協助電腦做到看、聽、說，或是以立體形式呈現應用軟體。我們可能不久就看得到技術的重大進展，但這些技術對於面向市場企業的發展並非必要。

伺服器處理能力的改進大多是因爲成本降低。今天很少應用軟體的問題是出在硬體上。至少在十年內，摩爾定律還是可以成立，標準桌上型電腦的微處理器每秒可以執行十億個以上的指令。微處理器進展到這種程度，應該可以滿足大多數人。

其二，在**軟體**方面。網際網路將創造出許多新需求，而由於領導廠商與許多新軟體業者的持續競爭，軟體的創新應該會快速發展。另一方面，未來在技術方面有三個潛在風險：

第一，今天的軟體系統變得很複雜，沒有人可以眞正全盤掌握。高度複雜的軟體開發，一直有嚴重的管理問題，再加上軟體專業人員極度短缺，有些公司因而難以克服軟體管理的挑戰。合格的軟體工程師太少，也是嚴重問題。本書寫作期間，還有三十萬個資訊業的工作待補缺，缺少的正是專業人員。

問題不在於使用者介面的複雜性，也不在於市場對於特色與功能無止境的要求，而是如何管理日益複雜的軟體，有些軟體甚至會完全無法駕馭。在這方面，擁有軟體的總成本（TCO）將會增加，而爲了迎接這些挑戰，我們需要更有智慧，也要使用完全網路化的再配銷系統。但資訊業經常將事情搞得很複雜，然後事情變成無法控制了，只好再將之簡化。可是誰也無法保證，像這樣的循環將來都能解決得了；人類的極限必將影響資訊技術的發展。

而Y2K的問題還是一個未知的風險，不到最後沒有人知道問題到底多嚴重。假設Y2K的問題造成軟體與企業的大混亂，那麼資訊業將要好幾年才會恢復元氣。最可能的結果是，業界暫時會共享可用的資源。可是以資訊業所要求的成長與創新來看，幾季的虧損所損失的機會成本仍不可小看。

最後，雖然全方位市場導向體系與其他交易應用軟體大家都很清楚，但知識管理仍然算是比較新的領域；能夠適時取得正確的知識，在許多方面還是唐吉訶德式的夢想。

其三，**電子通訊**。我認爲將有兩個主要的挑戰：可靠性與頻寬。網際網路並不是一個結構化與可管理的系統，不像電話系統是上至下的高度工程式組織，網際網路的成長比較是由下而上，而且是有機的過程。從一九九五到九七年，資訊技術界在討論，像這樣一種結構鬆散的發展過程，能形成一個可靠的網路嗎？事實上，不少人認爲網際網路有一天可能崩潰，而過去幾年網際網路所表現出的彈性，大致上平息這項爭議，不過從科學的觀點來看，這問題沒有完全解決，在理論上隨時可能再引發問題。

當可靠性的問題解決了，就得把頻寬加大，而這部分的需求是爭議最大的問題。不過從許多方面來看，這完全不是技術問題；今天的資訊業知道如何以驚人的速度傳輸資料，每秒可達數十億位元。頻寬不足，主要是因爲今日的大衆電子通訊基礎設施很難升級，以體現較現代的技術。所以，討論頻寬，一定會談到提昇競爭力與通訊業法令鬆綁，這主要是產業整合與結構的問題。

在這方面的進展緩慢，實不足爲奇。電話公用事業已有上百年歷史，一向是壟斷性事業，全世界各國都在努力摸索，如何把電話事業轉變成現代競爭的企業模式。在金融業與航空業，法規鬆綁的進展比較快，但大部分的網路都是埋在地下的線路，所以不可能迅速變成電子通訊。也許政府被批評爲反應太慢，但他們面對的問題確實千頭萬緒。

每個國家都要自行解決頻寬的問題，有些國家一定會做得比其他國家好。以美國來說，若使用現在的綜合有線電視數據機與DSL電話轉接器，加上不斷改進的壓縮技術，以及更先進的網際網路由技術，可能可以在未來幾年帶來顯著進步。十年後，通訊的頻寬將會與現在微處理器的功能一樣遊刃有餘；如果做不到這樣，資訊業整體進步的步調將會受到阻礙。

二、業者未能建立標準

「標準」和技術上的進步有密切關係。如果讓硬體、軟體、電子通訊各自發展，即使它們各有進步卻不能互相有效工作，進步也就沒多大意義。我們都知道，今天網際網路就是因為有一套相同的標準才可能出現，而因為電腦了解電子通訊的規則，所以我們能進入一個網站。這些通訊規則經過協議而制定，稱做TCP／IP通訊協定。我們能閱讀網頁，是因為電腦了解這個叫HTML的網路文件格式。只要我們遵照這些規定，無論哪一種電腦，無論使用哪種作業系統、瀏覽器、文書處理器等等，都可以上網。

我們這些資訊技術產業的人，都應該感謝這種標準化做法所帶來的好處與交互運作的能力。有了標準，還能保護我們的投資，因為如果某家廠商倒閉或產品水準較差，我們還可以向其他廠商購買相同或更好的產品。因此，有了標準，網際網路便能大衆化：大致上每一個人都可以用相同方式使用每一種軟體，不必管它是哪種廠牌。

不過，也正是這一點，使得標準化與廠商的競爭本質相衝突。因為產品的差異性正是建立競爭優勢的關鍵，廠商非常不願意放棄自己的努力或降格以求，只為了讓其他公司的產品可以「即插即用」。如果自己的一整套產品能獲利更高，請問推銷員為什麼要銷售可以與其他競爭對手相容的產品？答案很簡單，因為顧客要買可以相容的產品。可是矛盾與衝突還是存在。

在資訊技術的早期，電腦業的競爭經常導致廠商各自為政，或是某一廠商掌控一種既有標準。我們務必記得，今天的網際網路發展並沒有經過這個程序。資訊業很幸運，如TCP／IP、HTML、HTTP等重大標準，都是由政府或大學所設立，與營利無關。資訊業只要稍加調整，再一起選擇要用哪些標準。

現在，這些標準的演進情況，事關數十億美元的廠商競爭。目前的標準必須升級，而若干全新的領域，例如物件，也需要類似的交互運作能力。目前，許多廠商在爪哇語言與網域名稱的事上產生爭執，或試圖遊說大家採用自己的標準。這情形令人擔心，資訊業是否會回到以前各據山頭的做法。在資訊業之外的企業主管，不妨在此事上扮演仲裁者，一旦發現資訊業廠商不照公開的標準玩遊戲，可給予適當懲罰。

或許你會問，這些標準從何而來？大體而言，資訊業幾個名字很奇怪的團體，如IETF、W3C、ISO、ANSI等，負責在需要有標準的領域中制定詳細的規則，協調各團體，然後公佈標準。不過，通常是由資訊業的大公司如蓮花、微軟、網景、英特爾、思科等，向這些團體提出一份建議標準，而真正出售這份標準的，通常是撰寫標準碼的作者或創始人，若他寫的標準獲得採用，便可以獲利。

這道程序當然很冗長乏味，而且往往引發爭議。不過最終各方總是會同意，而且根據這標準製造產品。目前這個程序運作相當良好，但誰也不能保證可以持續。因此，非資訊業的企業領袖若發現有人犯規，就可以像球賽裁判一樣，吹哨子或是搖紅旗。

我遇到這種情況好幾次，從痛苦的經驗中明白，若要向目前的標準挑戰，有點像是和媽媽吵架。同時，軟體業的競爭逐漸趨向於功能的競爭，所以現在不只是遵照標準，還希望擴展標準，以獲得市場優勢。如果賽事中加入微軟、蓮花、網景等行銷高手，那麼就會你來我往，某家贏一年，換一家贏一個月，或只贏一個星期。資訊產業以此聞名，但可不是個好名聲。

爪哇語言的例子足以說明這種輪流領先的情形。很奇怪，愈是重要的概念，似乎愈容易捲入關於標準的競爭之中。能不能出現一套眞正能交互運作的爪哇語言，將是資訊技術標準建立程序的大事。

今天有兩個問題。第一個是最重要的問題，目前的交互運作能力必須維持水準。幸好企業與消費者逐漸認同這問題，只採用可相容的產品。如果因而必須放棄某項創新的功能，也只好放棄。第二，從較長遠的觀點來看，資訊業必須保證，「標準」不是最起碼的技術，因爲標準如果不能隨著技術的改善而一起進步，就失去其功用。

三、需求不足

不過資訊業也別太天眞，以爲若不斷改進產品，並維持目前的相容性，消費者就會一直跟著購買新產品。每個產業最終都會面臨供應與需求的問題。目前對於資訊業的需求似乎很強，但環境很可能產生巨變。企業、消費者和教育機構對於資訊技術的熱衷，會不會冷卻呢？

讓我們依序看看這三大領域的情形。

一、**在企業方面**。企業需求的基礎在於信心與資源。九〇年代，美國比其他國家更廣泛使用技術，結果獲得競爭力上的回報。值此二十世紀行將結束之際，我們一度沒有把握，資訊技術能不能帶來回收，現在必須恢復信心。

但萬一美國的經濟大幅衰退，怎麼辦？萬一其他競爭國家好像要趕上了，又怎麼辦？假如出現上述兩種情形之一，都足以推翻全球漸漸增多的認同資訊技術的企業策略。不過我個人認為，兩種情況都不太可能發生。

企業除了信心與熱情之外，也需要資金才能擴充資訊技術的實力。美國的經濟榮景使得美國公司在技術方面的支出每年有兩位數的成長。相形之下，歐洲與日本落後一截。美國經濟如果衰退，則採用技術的速度將會明顯減緩。美國經濟已連續七年成長，不是不可能出現衰退，只不過可能性不高。

最糟的情況是，美國經濟衰退了，而其他競爭國家又趕上美國。如果美國經濟嚴重衰退，加上日本競爭力復甦，而且Y2K的問題比預期嚴重，美國企業對資訊技術的信心勢必動搖。今日看起來不太可能，但不排除這種可能性。畢竟，企業對於技術的看法總是時而正面時而負面的。

二、**在消費者方面**。企業熱中於技術，因為企業有信心有資源。但消費者對資訊技術的興趣，比較是出於購買所需的花費與產品吸引力。企業對於資訊技術與競爭力的關係提出理論上的假設;但消費者對於電腦好不好用或好不好玩，比較容易以花了多少錢來衡量。

一九九六年，資訊業最關心的是成本。如果消費者要花美金兩千元才能買到一部個人電腦，全世界會有十億個連線用戶。到了九七與九八年，這方面的進展很可觀，如網路電視、有線電視接收器等廉價設施和消費者網路電腦出現，只要幾百美元就可連上網路。個人電腦也降價到一千美元以下。

也許更有意思的是，免費電子郵件之類的服務，使得沒有上網設備的人也可以使用網路。現在，你從任何一種連線設備的瀏覽器都可以免費傳送並接收電子郵件。免費的電子郵件帳戶對於學校、圖書館、小公司、家庭來說，都很有好處。這樣的發展令我感觸良多，我承認這是社會與文化的必然趨勢，而且也一定要藉由這種創新來使使用人口普及。即使是企業人士，也會被這種眞正的信息系統吸引。

成本的問題慢慢變得不重要，資訊業把重點轉成要創造出很棒的消費者應用軟體。結果有得有失：的確出現了重要又有趣的應用軟體，但對大多數人而言，這些軟體無法與電話、汽車或電視相比。雖說這是新媒體，也不必驚訝。另一方面，資訊時代「擁有」電腦與「沒有」電腦的人口對比情況，很快就要改成「想要」與「不想要」的區別。現在已有一大堆低價的新設計，很快就會進入一個提供完整服務的世界——前提是大家都想要善用這些配備。

三、**教育**。學校對於技術也自有一套觀點。對於這個讓人傷腦筋的領域，我有三問：

資訊技術對於改善教育有多重要？

假設資訊技術對於學校很重要，學校能把這一點展現出來嗎？

假設以上兩個問題的答案都是肯定的，那麼有足夠的錢支付必要的投資嗎？

坦白說，我不認爲美國教育界認眞考慮過第一個問題。許多教育界知名人士堅稱，視聽輔助器材、電視、電話、收音機、電影、投影片、錄影帶、個人電腦、網際網路等技術產品，對於學習過程與思考技巧無甚幫助。這種想法如果不改變，那麼討論第二個與第三個問題就沒有意義，只是浪費時間。只有在大學層次，教授們才肯定資訊技術的價值。所以，我認爲下一波教育創新發生的地方，應該是在大學。

四、政府會干預嗎？

暢行無礙的全球網路出現之後，對於國家的法律與政策都是一大考驗。問題輕重有別，但政府的因應之道，將會是造成全世界技術使用模式的一大因素。我認爲，政府與網際網路在以下領域應該密切合作：稅務、貨幣供應管理、商務法規、媒體規範、經濟發展、收支重分配、社會公平、投票與政治參與、言論自由、研發、智慧財產、個人隱私、健康與教育福利、文化發展與保存、國防與司法。

其實還可以列入許多項目。光看這份淸單的長度，即使是網路烏托邦人士也會發現，問

題不在於政府應不應介入，而是技術與政府能不能合作，一同建立一個更好的社會。

當然在許多方面一定會起衝突，而且問題多端，不過抽絲剝繭後，可歸爲兩方面：對於商務流通的限制，以及對於資訊流通的限制。我相信我們政府原則上是支持商務自由流通的，不過，政府是不是眞的支持，我持保留態度。先討論商務的部分。

建構一個全球電子商務的基礎

柯林頓政府對於網際網路的交易與稅務問題，所提出的說法與做法都完全正確。根據一九九七年的白宮電子商務報告，美國政府相信，這方面應該由民間引導，政府應避免不必要的限制，如果需要政府介入，其目的只是爲維護一個單純、立場一貫且有公平法律的網路商務環境。美國政府認識到，網路商務的挑戰在本質上屬全球性的課題，所以已與其他國家合作，以美國這個寬闊的策略架構爲中心，希望能建立全球共識。

當然，討論原則簡單，實施就難得多了。美國政府與資訊業者在努力實現這個自由市場時，必將面對許多嚴重的障礙，有些是國內的，也有來自國外的。

以稅務問題爲例。全美的州政府及地方稅務單位約共有三萬個，每一個稅務單位都有權力建立自己的稽徵程序。假如建立一套統一的網際網路稅務政策，必可方便全國性的網路商務，但這樣實際上削弱了州政府及地方政府的大權與收入。

許多不夠開明的州長，反對立法限制州政府在網路上的營業稅、消費稅、交易稅等徵收權。在美國的聯邦制之下，國家必須殫經竭慮以平息爭議。同樣的，州政府在菸酒銷售、賭博和其他產品與服務等事務上，也可以制定該州的法律。這造成許多奇特的情況。例如，有愈來愈多的加州小型葡萄酒廠希望能在網路上銷售葡萄酒，但這樣做在許多州是違法的，因爲這些州只允許持有特別執照的經銷商在州界內銷售酒類。這是個小例子，卻顯示出一個重點：州法律制度與無邊界商務很難同步發展。

我寫這本書時，有六條法案還懸在國會裡待審，這六條都和網路稅務有關，針對網路交易是否要徵稅的問題，要在聯邦政府、州政府與地方政府之間取得平衡。國會通過法案時必須審愼考慮，每通過一項，就會爲網路商務的未來描繪出一點輪廓。

儘管存在許多障礙，政府加諸的任何對於電子商務的限制，最後應該都可以應付——畢竟企業處理慣了複雜的各級政府稅。此外，在消費者與企業的壓力之下，許多現行的配銷法令終將改變。在美國，消費者的需求是老大，對於限制了它們在網路上買賣權力的法令，消費者絕對不會贊同。

國際方面就沒那麼樂觀。大概所有國家的政府，包括美國政府在內，在自己國境內都有權對於國內產業給予保護或優惠權，目前看起來，似乎沒有哪個國家有意放棄這項主權。

回到全方位市場導向體系，大多數在網路上銷售產品的公司，都希望可以不問國籍，而賣商品給任何人。但請考慮以下幾個嚴重的問題：

國家眞的允許全方位市場導向體系的發展嗎？

民衆眞的可以直接向其他國家的網路公司，購買股票、機票、電腦、書籍、抵押借款、保險等等產品嗎？

消費者能夠以最優惠的匯率，以最低價買到東西嗎？

這些問題的答案可以是肯定的——除非政府通過特別的法律，讓這些事變成非法或不具任何吸引力。但由於許多新訂立的法律、稅捐和規定，目的就是爲了限制網際網路，所以上述問題的答案也可能都是否定的。

從美國的觀點來看，美國國內的市場夠大，網路商務的演進速度不必太依賴直接對外銷售的能力。如果亞馬遜網路書店不能直接賣書給中國的讀者，這或許會令亞馬遜不悅，但這對他們的影響不大。可是對於人口較少的國家而言，對外銷售的能力也許是達成必要經濟規模的唯一方法。

簡言之，對於電子商務加以限制，也許會減緩網路企業普及的速度。然而，這些限制不太可能阻止必然趨勢，而唯一能阻止這個大趨勢的，可能是限制資訊自由流通。

電腦加密大辯論

在這一章所討論的各項問題中，電腦加密的爭議性最高，也最棘手，並且可能是破壞力最大的議題。在我個人參與的所有議題中，電腦加密也最令我覺得沮喪。除非能打破此僵局，否則柯林頓政府對於電子商務的支持就沒有意義。

問題其實很簡單。在對立的兩方當中，一方是聯邦調查局與國家安全局，他們認爲網際網路只是另一種形態的通訊技術。只要拿到法院搜索票，美國執法人員可以搜查房屋、打開檔案櫃或監聽電話。他們質疑，爲什麼電腦化通訊他們就管不著？

另外一方是網際網路業、世界各大軟體廠商及全球企業的高階主管。他們認爲，除非能保障通訊的安全，否則網際網路商務將不可能實現。此外，即使法律嚴令規定，還是無法阻止恐怖分子、間諜、犯罪組織取得加密技術，因爲先進的加密軟體在世界各地都可自由取得。換句話說，對美國產品設限，只會傷害美國廠商。

這問題的根源說來話長。美國政府一向把密碼視同軍火，歸國家安全局管轄，而國家安全局管制加密技術的出口許可。出於這種冷戰思考模式下的餘緒，今天還是明令限制，具有強大加密技術能力的產品可以在國內使用，但只許外銷四十位元的產品。

美國在冷戰期間，就是用這種政策有效限制許多武器系統的出口，甚至資訊技術的硬體如超級電腦也在限制之列。但這項措施對於軟體沒有奏效。首先，舉例來說，你可以在美國買一套蓮花的 Notes 軟體，很輕鬆就帶出國然後再複製。你也可以在加拿大用個人電腦上網路，合法下載全套128位元的加密軟體。換句話說，任何十幾歲的小孩都可以輕鬆下載全套加密系統。

其次，軟體必須要設計成具有保護隱私的功能。最簡單的瀏覽器也需要強大的加密軟體，這樣人人才可以安全進行電子通訊。

對軟體公司而言，加密軟體是必要的設備，應該盡可能自由而廣泛運用。但聯邦調查局認爲，強大加密軟體如果普遍使用，最後執法人員將無法對於語音、文字、資料的通訊加以有效調查。這種對於軟體不了解所形成的偏差想法，實在令軟體廠商沮喪。但執法人員總說「但願你能了解我們」。對此，美國資訊業與執法人員兩方的歧見甚深。

雙方的討論並非基於理性的邏輯，反而充滿政治姿態，這更使得嫌隙加大。想要限制加密軟體，就像是要求核子科學家把核子的發明收回——不可能的。聯邦調查局禁止美國軟體公司出口加密軟體，以爲這樣就可以防止犯罪，其實世界各地都可以取得這些加密軟體。

美國軟體業的成就與規模使得問題益形複雜。一方面，軟體業希望國際銷售不受干涉，如果美國軟體公司的競爭力因此蒙受不利的影響，將會危及數千人在軟體業的工作機會。但，執法單位提出相同的統計數字，證明美國廠商仍然領導世界，顯然不受目前規定的影響。

美國執法單位與軟體廠商的爭論不休，讓其他國家在決定自己國家的加密與安全事務時，也加倍警惕；許多國家已開始或正要開始發展自己的加密系統。結果形成許多不相容的系統。從企業的觀點來看，這是最糟糕的結果，因爲有些領域在作業程序上需要全球一致。

柯林頓政府夾在軟體業與執法單位的對立之間，左右爲難。從經濟的觀點來看，美國政府能體諒軟體業的處境；但誰也不願意在打擊犯罪的事務上示弱，當然也就在乎執法單位的要求。不過，立場會隨著政治方向而改變。九四年大選後，共和黨控制國會，執法單位的立場更加堅定。

政治是一門妥協的藝術，柯林頓政府亟欲尋求雙方都能接受的立場。然而到目前尚無任何解決之道。柯林頓政府提出一套「鑰匙託管」（key escrow）系統，由私人或政府單位保管這把打開加密規則系統的鑰匙。可惜，沒有人知道如何讓這套方法跨越數百萬家企業有效實行，還要取得國際的信任與支持。儘管如此，附帶鑰匙還是妥協後的最好方法。

然而，這不是資訊業樂見的方法。根據目前估計，若把執行「鑰匙託管」的費用轉嫁到消費者身上，費用可能高達每年七十億美元。第二個問題更嚴重：這方法不可行。「鑰匙託管」等於要求資訊業既要發展出全球的空白電話簿，又要持續更新目前數十億用戶的名單。如果你要等「鑰匙託管」方案來解決這個問題，那就慢慢來吧！

政府坐視不管，問題隨著時間而惡化。今天，四十位元的系統輕易即可破解，遵守法律的企業十分擔心自己全球通訊系統的安全。此外，執法單位希望全世界都能限制強力加密軟體，期待落了空——因爲一九九七年，加拿大政府准許了加拿大公司出口全功能128位元的加密軟體產品。

我得再次強調，加密技術就像無法再拘回神燈裡的精靈，所以該怎麼做已經非常清楚。如果美國政府堅持限制使用強力加密軟體，那麼美國軟體公司和他們的守法顧客徒然受害，而有意以此犯罪的人可還是有一大堆選擇。我很同情執法單位的要求，但強力加密軟體的普及，顯然是擋不住的趨勢。

柯林頓政府在許多其他事項上的選擇都正確，這使得目前的情勢加倍困難。一九九七年柯林頓總統聲明，美國政府支持網際網路的成長，將不會給予任何干涉或規定。當時我也在場，我相信總統說這句話時是眞心的。

美國政府相信，在金融（如關稅與稅捐）、電子付帳、合約管理、保護智慧財產權、對內容的管理、技術標準的實施等等議題上，以目前的規定與管制，搭配那隻看不見的推動市場手，將最符合社會的需求。

但美國政府覺得，加密的問題是例外，堅持政府在管制加密資料的傳送與使用上必須揷一脚。所以我們陷入目前的僵局。一方面，柯林頓總統一再讚美網際網路的神奇，副總統高爾也公開表明政府將致力協助資訊業的發展與成長。但另一方面，政府顯然受聯邦調查局與情治單位的影響，支持了一項對軟體業前途造成最嚴重威脅的法令。

資訊業界很少達成共識，但軟體公司對於加密問題是空前團結。各大軟體公司的最高執行長一致認爲，必須廢除對加密軟體的限制。於是由最高執行長出面，反映這問題的嚴重性。我多次參加國會議員、參議員、白宮官員的討論會，認識了一群個性獨立的軟體同業，團結又坦白眞誠，眞令人高興。我們一次又一次公開表達我們一致的意見，覺得政府的法律傷害業者，希望能改變這條法令。

一九九八下半年，資訊業各大公司的最高執行長聯袂抵達華府，拜訪兩大黨的參衆兩院領袖，達成更明確的諒解，所以事情猶有可爲。儘管對於管理加密技術有兩極化看法，但我認爲業者與政府都在摸索，希望至少找到共同的立場作爲起點。例如談到通訊技術，參議院共和黨領袖已經體認到我們現在處於新的世界秩序中，這很令人感到鼓舞。參議院領袖並邀請資訊業的技術專家，一起思考這個世界新秩序如何運作，執法人員需要什麼工具以防止國內外的犯罪行爲。我們也熱烈討論，國家通訊基礎建設如果缺乏有力的加密產品，會是何等模樣。

業者代表與各行政部門的代表，針對業者與政府如何合作，解決數位時代執法單位所面臨的嚴重問題，進行充分的溝通與討論。如果這些對話有助於改善合作氣氛，也許雙方可以進一步達成協議，讓美國繼續領導世界加密市場，也滿足執法單位與國家安全的技術需求。

檢討過去，評估未來

風險與挑戰當前：經濟可能衰退、技術發展到極限、Y2K的潛在危機、未能建立共同標準、政府的干涉，以及永遠難以確定的需求，如果我還敢認爲，技術的發展永遠會一帆風順，那我反而會對技術發展造成傷害。我知道前面的路上有大大小小的坑洞，我們也都知道，未來還會帶給我們意料外的驚奇。

稱作「人類」的現代人，在地球經過數十億年的演化後才出現；原始人在最近幾百萬年才成形；人類運用文字只有一萬年；印刷品普遍流傳更只有五百年歷史。通訊的大躍進只是這十年之間的事。電話、收音機、電視、電腦、網路、無線技術，都是在二十世紀發明的。人類通訊技術進步的週期時間漸短。這個程序現在已經成爲自我加強，甚至是自我催化。

人類財富的基本資源也以極快的步調改變。土地與其他自然資源固然珍貴，卻已無法滿足全球漸增的人口。許多資源豐富的國家依然貧窮，而一些缺乏自然資源的國家卻因爲人民的努力創造，展現出驚人的進步。

我們現在的時代再無任何界線；如果有，也只是因爲想法尚未擴展。我們生活在一個幾乎是存在著無限可能性的時代，對於資源用盡或人口過剩的恐懼漸漸平息。這讓我們覺得，我們可以創造自己的未來。今天，最稀少的東西就是時間。

我們清楚看到，社會演進的速度與技術改變的步調相互糾結，無法分開。如果技術繼續加快其成長的步調，那麼我們可以確定，人類通訊方式也將徹底轉變，永無止境。

資訊、娛樂、通訊、金融世界，都全面變成數位化，技術創新與使用的速度、範圍、廣度，也會比以前成長得更快。在二十一世紀初期，電腦之間資料通訊的數量，將遠超過人類之間語音通訊的數量。

這還只是一場徹底改變的過程之開端而已。功能更強大的單晶片電腦，將會使所有形式的產品進入資訊處理的領域；智慧型的機器、設備、攝影機和感應器等，不斷交換訊息，完全不需要人爲操縱。機器與機器的互動，將是通訊進步的下一個階段。當然，人類的通訊也會同步進展。通訊會更加全球化，不再那麼階層式，更重要的是，變得更持續不斷。我們正進入一個逐漸網路化與無線通訊的世界，不管這是好或不好，企業要一個這樣的世界，消費者的需求也促成這樣的世界，技術改變的動力更向這樣的世界招手。詳細的規格與確實的時間可以討論，但整體的方向很明確。書至結尾，我們談談，爲什麼一定會往這個方向發展。

網路時代最大的成就，是把資料轉變成資訊，然後再把資訊轉變成知識。知識工作者發現，群組軟體給了他們電子郵件，也提供許多行動的工具。一旦網路開始支援知識管理系統，組織就會發現，一大堆的知識有待管理。想要在網路的市場上維持競爭力，必須增強組織的技術知識。要做到這點，必須大家一起掌握技術知識。**眞正的知識管理並不全在於技術，重點在於人；建立的不只是技術上的網路，而是抽象意義上的網路**。

簡單說，知識管理談的是人與文化，不是技術與機器。對於明日的公司來說，想要欣欣向榮，就必須建立並維持一種能發現、傳送並應用知識的新文化，讓全體工作人員緊密結合。

在未來十年，數位化網路的重心將由對內移轉到對外。企業組織必須學習與顧客、供應商、夥伴及其他聯盟更緊密地合作。一旦達成這個目標，還必須學習把這種文化散播到組織之外，傳送給大衆。未來，組織的顧客與客戶，將會遍佈全世界。

爲達此目標，企業組織必須了解，就技術方面而言，他們目前好像是在眞空中作業；但十年之後，全國與全球資訊設施，將會成爲決定企業發展方向與步調的最重要因素。

根據我的個人經驗，未來個人電腦的使用者將可享受到這種進步的自由與機動。再也不必被桌上型電腦綁死，不必學電腦，只要開機就可以上路。很快的，我們使用電腦的方式會像現在使用電話一樣。Windows98支援「瞬間開機」的特色，以及Notes的資料庫複製技術（base replication），這些將讓使用者更能把電腦帶著走，也更有生產力。

我們在飛機上和旅館裡用電腦的時間愈來愈多，這表示，資訊業必須發展出可以隨時連線的使用模式。讓我舉例說明。

最近我到東京，在資訊業的Comdex會議上演講。我離開會場後，直接驅車往東京郊外的成田機場，登機前，我到頭等艙貴賓室把一些工作完成。我使用的蓮花Notes，從機動性的觀點來看，不是我老王賣瓜自賣自誇，眞的是最強的應用軟體。Notes可以在網路上的幾百萬個網站中尋找關鍵字與指標，所以我無論去哪裡，身處何處，都可以從我公司或對方公司得到我需要的資料。

這一天，我收到呼叫訊號，要我上某一網站，看看某同業所公佈的訊息。我找了一部傳眞機，一如平常，掛上外套，拿出線路，將所有資訊（以我們蓮花公司的說法）複製並儲存於快速緩衝貯存區，等上飛機再慢慢看。（附記：在我接收電子郵件之前，我已經把我的AT&T信用卡號給電信公司，所以我沒有佔航空公司的便宜。）

那一天我的飛機誤點，這不是新鮮事，最後飛機終於順利起飛，將就著用過機上餐點之後，坐在飛機頭等艙的旅客總是會拿出電腦，就在漆黑的太平洋上空，開始埋頭工作。

我拿出我的Think Pad，坐我左手邊靠走道的男士，也拿出他的Think Pad。我打開我的Notes資料庫，開始閱讀剛剛從同業的網頁下載的資料，接著處理上百封的電子郵件。過沒多久，左手邊的男士驚詫地看著我，目瞪口呆幾分鐘後，最後鼓起勇氣輕拍我肩膀。

「我不知道，」他壓低聲音說：「Think Pad 的紅外線設備這麼強，在三萬英呎的高空都還可以利用無線連線的方式，直接上網站。」

我必須承認，聽了這個問題，我楞了一下，回過神之後，我也學他偷偷摸摸的語調，神秘兮兮地跟他說：「是的，但是必須在靠窗的位子，如果有亂流，可能會中斷，通常只要將連接埠對準方向，就可以順利下載這些網頁。」

我只是在飛越太平洋的上空，跟這傢伙開個小玩笑。我闔上 Think Pad，想著：「這也不誇張，只不過是見樹不見林。今天的每一個人處理資訊的方式不同，但這是我的方式。未來還不知道會變如何呢。」我又想了一會，問我自己：坐我旁邊那個人和開了一個小玩笑的我，誰才是具有前瞻性思考的人？

看了這本書之後，對這個問題你應該有自己的答案。畢竟，本書不是寫給高科技專家看，而是給在貴賓室候機的男男女女，他們睡眼惺忪，忍受時差的煎熬，在飛越半個地球的途中，還想掌握住在某個數位空間或眞實空間所發生的事。

在未來網路化的世界裡，我們都可以很方便就接收到所需的資訊，我希望我們也都有工具，隨時隨地可將這些資訊轉變成可付諸行動的明確知識。

所以，現在我把任務交給各位，希望大家一起努力做好知識管理的工作。這就必須蒐集資料，例如某些天才人物的想法，然後將之轉變成有用的，隨時隨地可擷取的知識。

對於搭乘聯合航空六三三班機，從成田飛往紐約，座號4A的那位同機旅客，我是跟你開玩笑的。下次，我會讓你的 Think Pad 從紅外線接收埠下載我 Think Pad 裡面的資料，他們的確是功能強大，這也正是最好的協作型網路工作模式。

這是我們的世界，歡迎光臨。

國家圖書館出版品預行編目資料

16定位／傑夫·帕伯斯 (Jeff Papows)著；李振昌譯.-- 初版-- 臺北市：大塊文化，1999[民 88]
面；　公分.(Touch)
譯自：Enterprise.com
ISBN 957-8468-82-2 (平裝)

1.企業管理 - 網路應用

494　　88004921

1 1 6 台北市羅斯福路六段142巷20弄2-3號

廣 告 回 信
台灣北區郵政管理局登記證
北台字第10227號

大塊文化出版股份有限公司　收

地址：＿＿市／縣＿＿鄉／鎮／市／區＿＿路／街＿＿段＿＿巷

＿＿弄＿＿號＿＿樓

姓名：

請沿虛線撕下後對折裝訂寄回，謝謝！

大塊 LOCUS 文化

編號：TO10　　書名：16定位

大塊
LOCUS
文化

讀者回函卡

謝謝您購買這本書，爲了加強對您的服務，請您詳細填寫本卡各欄，寄回大塊出版 (免附回郵) 即可不定期收到本公司最新的出版資訊，並享受我們提供的各種優待。

姓名：________________ **身分證字號**：________________

住址：________________________________

聯絡電話：(O)________________ (H)________________

出生日期：______年______月______日

學歷：1.□高中及高中以下 2.□專科與大學 3.□研究所以上

職業：1.□學生 2.□資訊業 3.□工 4.□商 5.□服務業 6.□軍警公教
7.□自由業及專業 8.□其他______

從何處得知本書：1.□逛書店 2.□報紙廣告 3.□雜誌廣告 4.□新聞報導
5.□親友介紹 6.□公車廣告 7.□廣播節目8.□書訊 9.□廣告信函
10.□其他________

您購買過我們那些系列的書：
1.□Touch系列 2.□Mark系列 3.□Smile系列 4.□Catch系列
5.□PC Pink系列 6□tomorrow系列 7□sense系列

閱讀嗜好：
1.□財經 2.□企管 3.□心理 4.□勵志 5.□社會人文 6.□自然科學
7.□傳記 8.□音樂藝術 9.□文學 10.□保健 11.□漫畫 12.□其他____

對我們的建議：________________________________

____

LOCUS

LOCUS

LOCUS

LOCUS